日本の軍人100人

男たちの決断

別冊宝島編集部[編]

宝島社

日本の軍人100人

男たちの決断

まえがき

2022年2月、ロシアがウクライナに軍事侵攻した。それは、世界各国の空気を一変させる出来事となった。

今年（2022年）8月で、戦後77年を迎えた日本。戦争を実体験した世代はごく少数になった。だが、ロシアの蛮行によって一気に緊張感は高まった。中国・北朝鮮・ロシアという専制主義国が身近にいることもあり、いつ戦争になるかわからないという危機感が生じた。その結果、防衛費をGDP比1・24％（NATO基準）から2％（国家予算の1割）への増額を是とする世論が大勢を占めるようになった。

しかし、戦争という現実は単純な数字で割り切れるものではない。軍備を増強すれば勝てるというわけではないし、平和を守るために必要なことは軍備だけではない。

日本はかつて、戦争で大敗を喫した。愚かなことをしてしまったという反省のもとに、戦後日本の繁栄があり、今現在、我々のそこそこ豊かな生活は成り立っている。だが、たとえ77年が経過したとしても、敗戦という苦い歴史を忘れてしまってはいけない。「歴史は繰り返さないが、韻を踏む」というマーク・トウェインの言葉もある。韻を踏んだ場合はたいがい、反省が不足していたからだろう。

かつて、大日本帝国には強い戦意を持った勇敢な陸軍・海軍という組織があった。国家予算の7割以上をつぎ込んだ強力な軍隊だった。しかし、日本は惨敗した。軍部が主導した結果、300万人という自国民の犠牲も出した。その軍隊がどのようなものだったのか、検証する必要がある。そして、大日本帝国陸海軍という巨大組織の中でさまざまな立場の男たちが、何のために、誰のために行動をしたのかを知る必要があるのではなかろうか。

日清・日露戦争に勝利し、国際舞台に「強い日本」として華々しくデビューした明治時代から、その余勢を駆ってなだれ込んだ15年戦争の時代まで、実際に「殺し、殺され」をリアルに体験した100人の男たちの生き様を本書では紹介している。懸けたのは命。極限状態のなかで見えるのは、人間の本質だ。日本の誇りであると思える軍人、逆に日本の恥としか思えない軍人、あるいは評価が揺れ動いている軍人——。いくら軍規があるといっても、軍という巨大組織の中には、多様な個人が存在している。そうしたかつての個々人たちの軌跡から、私たちが学べることは多い。

軍隊は会社組織に通じる側面もある。リーダーとして部下にどう指示すべきか。部下としていかに取り組むか。違うのは、命を懸けているかいないかという点だけだ。人は社会で生きている限り、組織とは無縁でいられない。極限状態の中で見せた男たちの決断は、私たちが現代社会を生き抜くためのヒントを与えてくれるはずである。

別冊宝島編集部

装丁／Mulpu Design（清水良洋）
本文デザイン&本文DTP／長久雅行
写真／共同通信社、近現代PL／アフロ、竹内聡子、毎日新聞社

日本の軍人100人——目次

まえがき……002

第一章　玉砕

山本五十六……012
大田 実……016
栗林忠道……020
大西瀧治郎……024
南雲忠一……026
関 行男……028
林 尹夫……030
伊藤整一……032
山県正郷……034
遠藤喜一……036
高木武雄……038
豊島 一……040
加藤建夫……042
古賀峯一……044
秋草 俊……046
葛目直幸……048

角田覚治……050
山口多聞……052
宇垣纏……054
西住小次郎……056

第二章　尊皇

畑中健二……060
栗原安秀……064
磯部浅一……066
真崎甚三郎……068
永田鉄山……070
安藤輝三……072
小園安名……074
三上卓……076

第三章　戦犯

東條英機……080
山下奉文……084
松井石根……088
武藤章……090

板垣征四郎……092
木村兵太郎……094
土肥原賢二……096
荒木貞夫……098
小磯国昭……100
永野修身……102
梅津美治郎……104
本間雅晴……106
嶋田繁太郎……108
加藤哲太郎……110
豊田副武……112

第四章 大義

石原莞爾……116
阿南惟幾……120
富永恭次……122
谷 寿夫……124
甘粕正彦……126
小沢治三郎……128
田中頼三……130
木村昌福……132
大井 篤……134
黒島亀人……136
寺内寿一……138
安達二十三……140
宮崎繁三郎……142

第五章　悔恨

鈴木貫太郎……146
小野田寛郎……150
瀬島龍三……154
米内光政……158
井上成美……160
塚原二四三……162
野村直邦……164
坂井三郎……166
牟田口廉也……168
辻　政信……170
花谷　正……172
川口清健……174
源田　実……176
田中隆吉……178
石井四郎……180
今村　均……182
高木惣吉……184
神　重徳……186
美濃部　正……188
西村祥治……190

第六章　庶民

やなせたかし……194
水木しげる……198

山本七平……202
田河水泡……206
奥崎謙三……204
横井庄一……208

第七章　貴種

昭和天皇……212
高松宮宣仁親王……218
李垠……222
伏見宮博恭王……216
三笠宮崇仁親王……220

第八章　礎石

乃木希典……226
寺内正毅……242
黒木為楨……252
東郷平八郎……230
広瀬武夫……244
奥保鞏……254
秋山好古・真之……234
福島安正……246
山本権兵衛……238
明石元二郎……248
児玉源太郎……240
大山巖……250

本書は2006年2月に小社より刊行した別冊宝島1259『日本「軍人」列伝』、
および2014年4月に同じく小社より刊行した別冊宝島2156『昭和「軍人」列伝』に
加筆・修正し、新たな原稿を加え再編集したものです。

第一章　玉砕

誰もが認める“名将”の称号

連合艦隊を率いて真珠湾攻撃
帝国海軍リーダーの「誤算」

山本五十六

元帥海軍大将

やまもと・いそろく●1884年、新潟生まれ。旧制長岡中学（現・新潟県立長岡高等学校）卒。海軍大学校に学んだ後、23年に大佐、29年、少将、34年、中将、40年に大将となる。41年、真珠湾攻撃を計画・主導し、大きな戦果を上げる。43年に戦死。享年59。死後、元帥府に列せられる。

山本五十六といえば、純白の海軍制服にふさわしい澄明なる頭脳と勇猛な決断力を併せ持った人物……という評価が通説となっている。勝利を重ねた末に、最期は敵に撃墜されて散ったというドラマも、山本が伝説として語り継がれるゆえんだろう。

山本は、雪深い新潟県の長岡市に生まれた。厳寒の雪国では、否が応でも我慢強さが身につく。また、それゆえに春夏を迎えたときの解放感は何にも代えがたい。山本の思慮深さと決断力は、雪国の故郷が育《はぐく》んだ。

山本は１９４１年、真珠湾攻撃を主導し、圧倒的な大勝利を収めた。しかし、もともとは日米開戦に反対していたことで知られる。真珠湾から16年前の25年、アメリカに駐在武官として滞在していた41歳の山本は、目を瞠《みは》る。富と合理主義に裏打ちされたアメリカ工業の生産性や高い技術力に驚いたのだ。「仮にこの国を相手に戦争しても、勝てないだろう」という漠然とした予感があった。また山本は、ヒトラー率いるドイツ、ムッソリーニ率いるイタリアとの日独伊三国同盟にも反対していた。昭和天皇も三国同盟に反対していたが、山本も大君《おおきみ》と同じように欧州で台頭するファシズムに違和感を覚えていたのである。

真珠湾の大戦果

最終的に政府・軍部は対米戦を決断する。それは山本の意に反した結論だった。しかしいったんやるとなれば、最も理にかなったやり方で決着をはかるべきだと山本は考えた。「早期に決着させ、講和を成し遂げなければ大変なことになる」と思っていた。アメリカと戦火を交えるとしたら、短期決戦しかない。日本の軍事的実力を見せつけておけば、講和も有利に進めることができるはずだ……という国際政治学的な視点を山本は持っていた。

当時、衆議院議員をつとめていた笹川良一に対し「(日米開戦に)当路の為政家果たして此本腰の覚悟と自信ありや」と挑発的に問うた。

「やるとなったらやるしかない」と決めた41年12月8日の真珠湾攻撃は、山本の信念のもとに決行される。そして大きな戦果を収めた。戦艦アリゾナなど3隻を撃沈、2338人の米兵と民間人が犠牲になった。日本側も64人が犠牲となったが、圧倒的勝利だった。

しかし、攻撃後に、山本の想定していなかった事実が判明する。アメリカへ最後通告をしっかり頼むと本部に確認していたのだが、それが届いていなかったのだ。事実上、宣戦布告もせずアメリカ軍を「騙し打ち急襲」したかたちになった。「リメンバー・パールハーバー」としてアメリカが怒りをたぎらせる結果になったのも当然だろう。

ラバウルで作戦の指揮をとる山本五十六（写真／毎日新聞社）

戦死と愛人

真珠湾攻撃の成功によって山本五十六という軍人のネームバリューは格段に高まり、日本の新聞はこぞって英雄視する記事を掲載した。ところが、対米英戦は山本の計算通りに早期決着を見なかった。南方作戦も順調に進めた山本だったが、ミッドウェー海戦では敗北し、次第に戦況は陰りを帯びていく。

山本は「大和」や「武蔵」といった旗艦とともに、歴戦を重ねる。しかし43年4月18日、ソロモン諸島ブーゲンビル島上空で、山本の戦いは終わる。山本の搭乗した一式陸上攻撃機は、アメリカ軍P－38ライトニング戦闘機の攻撃を受け撃墜された。アメリカは暗号を解読して、山本に狙いを定めていたのである。この「海軍甲事件」で山本は戦死、59歳だった。発見された山本の遺体は、軍刀を握りしめていたという。

山本は「英雄色を好む」の典型的人物である。若い頃から複数の愛人を抱えていた。特に知られているのは、新橋の元芸者・河合千代子。彼女のもとに送られた山本の恋文には、「世の中から逃れて二人きりになりたい」という甘い文言も記されている。

職場＝戦場における成果と、女性関係においても派手だった山本五十六。彼の人気の理由は、「日本男児は妥協や挫折を経験しつつも仕事とプライベートのええとこどりをして、最期は負ける」というドラマに美学があるからだろう。

ただし、山本五十六は職務にリアルな生命を賭した。それだけは、浮薄な現代の男たちと決定的に違う事実である。

（K）

言葉

「1年から1年半は暴れてみせる」

対米英戦には懐疑的だった山本だが、こう宣言し戦場に飛び込んでいった。

沖縄県民を気遣った名将

地獄と化した「沖縄地上戦」果敢なる海軍「陸戦隊」散華せり

大田 実

海軍中将

おおた・みのる●1891年、千葉生まれ。旧制千葉中学校（現在の県立千葉高校）卒。32年、上海特陸隊大隊長、42年、第二連合特陸隊司令官、第八連合特陸隊司令官。同年、少将に昇進。45年2月、沖縄方面根拠地司令官。同年6月13日、沖縄海軍壕司令官室で自決。享年54。死後、中将に特進。

沖縄の普天間《ふてんま》米軍基地の移設問題は、今もなお決着していない。唯一地上戦が行われた沖縄は、米軍の世界戦略と、それに従属する日本政治に今も弄《もてあそ》ばれている。

1945年3月から6月にかけて、沖縄は地獄と化した。軍人が約6万5000人、民間人約10万人が犠牲となる惨状だった。日本軍の首脳が、より早い時期に敗戦を認める勇気があったなら、沖縄の犠牲も広島・長崎の原爆投下もなかっただろう。

大田実は、勝算の低いその沖縄地上戦で、指揮をとることになった。本土決戦を遅らせるための〝捨て石〟として、沖縄での戦闘が行われることは明白だった。

だが、大田は海軍である。海軍と地上戦という組み合わせには、違和感がある。実は、大田は海軍における「陸戦」に関して専門家だったため、沖縄戦へ挑むことになった。大田の兵学校時代の成績はごく平凡なものだった。そこで大田は、正統的な海軍エリートの道とは違う「陸戦隊」に活路を見出すことになったのである。

4カ月の戦い

45年になってすぐ、沖縄方面根拠地司令官となった大田実は、激しい地上戦の現場に飛び込んでいく。小禄《おろく》（方言ではウルク。現在の那覇市南側）での戦闘だった。物量装備にまさる米軍の攻撃は苛烈を極め、日一日と大田は追い込まれていった。

戦闘開始から4カ月ほどが経過した45年6月6日、大田は、多田武雄海軍次官に向けて電報を打つ。その内容の一部を以下に引用する（カタカナはひらがなに改）。

〈沖縄県民は青壮年の全部を防衛召集に捧げ、残る老幼婦女子のみが相次ぐ砲爆撃に家屋と家財の全部を焼却せられ、わずかに身をもって軍の作戦に差支えなき場所の小防空壕に避難し、なお砲爆撃のがれる中、風雨にさらされつつ乏しき生活に甘んじありたり。しかも若き婦人は、卒先軍に身を捧げ、看護婦烹炊婦はもとより砲弾運び挺身切込隊すら申出る者あり。〉

〈看護婦に至りては、軍移動に際し衛生兵既に出発し、身寄りなき重傷者を助けて敢て真面目にして一時の感情に馳せられたるものとは思われず。さらに軍において作戦の大転換あるや、夜の中に

大田元司令官の遺骨の供養。
頭蓋に生々しい自決の後が残る（写真／共同通信社）

遥かに遠隔地方の住居地区を指定せられ、輸送力皆無の者、黙々として雨中を移動するあり。〉

沖縄の民が必死になって軍に協力し、なお生き残るため苦難に耐えている様子が描写されている。大田が沖縄県民の姿を見て心を打たれたことがよく伝わってくる。

そして、大田は最後の一文をこう締めている。

〈糧食、六月一杯を支えるのみなりという。沖縄県民かく戦えり。県民に対し後世特別の御高配を賜らんことを。〉

この電報の一週間後、大田は海軍司令官室になっていた壕の中で、拳銃自決を遂げる。54歳だった。

沖縄への差別

陸軍の牛島満中将と長勇《ちょういさむ》中将も、45年6月23日、摩文仁《まぶに》の洞窟司令部で、二名とともに割腹自決を遂《と》げる。

この時期、日本軍はほぼ組織的な戦いができなくなっていた。しかし、抵抗する個々の軍人たちは粘りを見せ、8月の終戦までアメリカによる掃討《そうとう》作戦は続くことになる。また、沖縄戦は県民の心に深い傷を残しただけなく、不発弾処理という宿題をいまだに抱えている。

アメリカ軍が放った銃砲弾は、約270万発。自衛隊による不発弾処理は、今も地道に続けられている。日本人犠牲者数は先述の通りだが、米軍の犠牲者数も、約1万2000人に及んだ。20分の1程度とはいえ、「楽勝」ではなかったことがうかがえる。

ところで、先述した大田の電報のなかに、少々気になる部分もある。

大田は沖縄県民について「ただただ日本人としての御奉公の護を胸に抱き」とわざわざ書いている。ここにわずかだが差別的な感覚を見ることができる。琉球処分（1871年）という軍事的威嚇《いかく》によって大日本帝国に無理やり組み込まれた沖縄（琉球王国）の県民は、常に本土からの差別対象となってきた。戦後、関西の一部店舗では「朝鮮人・琉球人・支那人お断り」という差別看板があったほどである。

今も日本国内の70%を占める沖縄の米軍基地。その解決を先送りすることは、差別意識の延長といわれても仕方がない。

（K）

言葉

「沖縄県民かく戦えり。県民に対し後世特別の御高配を賜らんことを」

海軍次官に向けた電報末尾に記されていた。

硫黄島に散った知将

〝地獄の戦場〟硫黄島で米軍を翻弄した「知略の司令官」

栗林忠道

陸軍大将

くりばやし・ただみち●1891年、長野県埴科《はにしな》郡生まれ。ジャーナリストを志していたが1912年に陸軍士官学校へ入校、陸軍大学校では次席卒業の恩賜《おんし》組。44年、小笠原兵団長となり、硫黄島攻防の指揮をとる。45年3月26日、硫黄島で戦死。

アメリカ海兵隊史上、もっとも多くの死傷者を出した地獄の激戦が１９４５年2月19日より火ぶたを切る硫黄島《いおうとう》攻防戦である。米軍死傷者は２万８６００人余、これに対し日本軍の死傷は２万１０００に及ばなかった。最後は圧倒的に兵力のまさる米軍に屈し玉と散ったものの、激戦の指揮官として、当時の太平洋艦隊最高指揮官・ニミッツが賛辞を惜しまなかった知将が栗林忠道である。

栗林忠道は１８９１年、長野県の大地主・栗林鶴治郎の次男として生を受けた。１９２０年に陸軍大学校へ進み、次席の成績で卒業、恩賜《おんし》の軍刀を授与される秀才であった。27年、アメリカ駐在武官として渡米、和製ゲーリー・クーパーと称賛される美男だったと同時に、日本へ残した幼い息子に洒脱《しゃだつ》な絵手紙を送り続けた子煩悩な父でもあった（この書簡は『「玉砕総指揮官」の絵手紙』として文庫化されている)。カナダ駐在を経て帰国後、37年に陸軍省兵務局馬政課長になると、馬事政策啓発のため「愛馬進軍歌」の歌詞を一般公募、採用された歌詞(作・久保井信夫)の添削も行ったといわれる。

この曲は戦時歌謡として大ヒット、現在でも愛唱され、激戦に倒れた悲運の知将の多彩な一面を今に伝えている。

頑強なる地下要塞を建造せよ

栗林が小笠原方面防衛の任につくのは44年5月。すでに戦局は敗色濃厚になりつつあった。栗林は新設された陸軍第百九師団の師団長に着任、師団はのちに大本営直轄の小笠原兵団として再編成された。小笠原諸島は首都防衛の絶対的戦略拠点であったが、栗林は兵団司令部を地勢・設備の充実した父島から、各所で硫黄ガスの噴煙が吹き出し、飲料水の確保も困難な不毛の島・硫黄島へと移す。これは米軍の戦術・戦力を分析したうえで、防備強固な要塞島の父島よりも、手薄な硫黄島へ先に侵攻するであろうと読んだ彼の明晰《めいせき》な判断であった。

面積が狭く、南端に摺鉢山《すりばちやま》を持つ硫黄島の地形は定石である水際の撃滅戦術がとりにくいことは明白である。そこで栗林は知恵をしぼり、島全体にトンネルを張り巡らせ、地下要塞化する案を実行に移す。計画は艦砲の直撃にも耐えられる地下15ないし20メートルに、トンネルおよび陣地を構築するという非常に難しいものであった。

硫黄島は地熱が高く、地下10メートルでも約49度と地下足袋の底のゴムが熔けるほどの高温であり、屈強な工兵も半日で使い物にならなくなる過酷な作業が待ち受けていた。

こうした難事業を遂行し得たのは、栗林のすぐれたリーダーシップと人徳のたまものであるといわれる。彼は日々工事現場をくまなく巡回し、恩賜の煙草をもって部下の奮闘をねぎらった。45年2月半ば、地下のトンネル要塞は総延長18キロに及び、完成の70％に到達した。だが全工事完了を目前に、ついに米軍が硫黄島に襲来する。

胸をうつ辞世の歌

2月16日早朝、戦艦6隻、巡洋艦5隻を擁する米軍機動部隊が硫黄島近海を包囲、3日間にわたり猛烈な艦砲爆撃を行った。19日、もはや水際陣地を破壊したと考えた米軍は上陸艇を接岸、海兵師団が侵攻を開始する。しかし地下要塞に潜んでいた日本軍に大きな損傷はなかった。米兵が内陸に進撃すると突如、斜面上から激しい機銃掃射が行われ、たちまち蜂の巣となった。ま

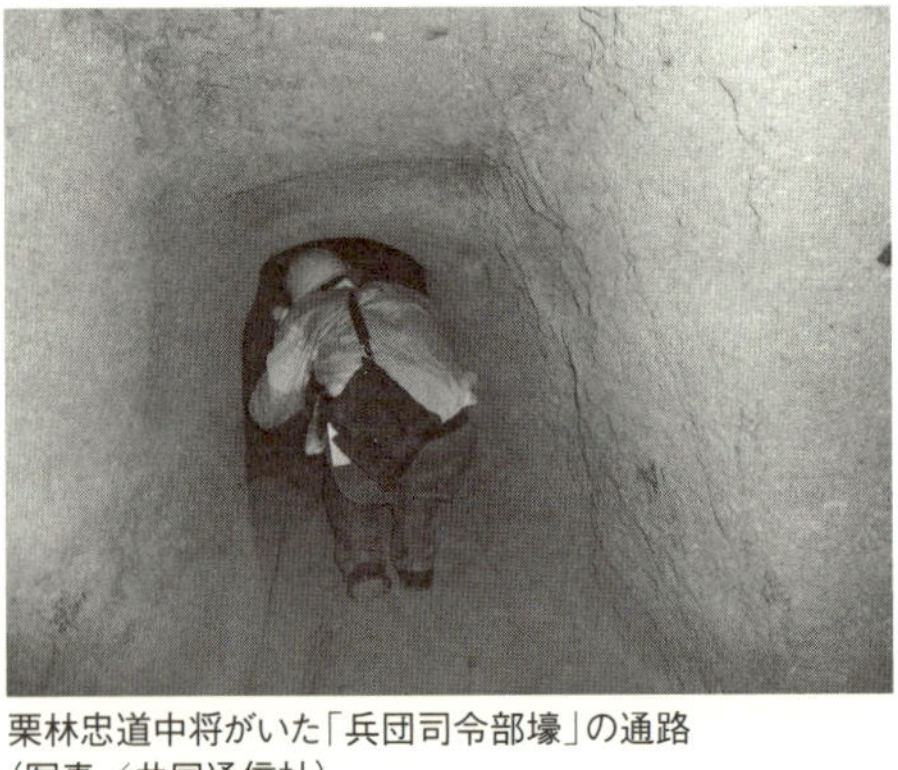

栗林忠道中将がいた「兵団司令部壕」の通路
（写真／共同通信社）

た日本兵は地下トンネルを縦横に移動し、敵後方に回り込んで奇襲を展開。米軍は地下陣地をひとつずつ破壊する効率の悪い戦術でゆっくりと侵攻せざるを得なかった。戦力にまさる敵を日本兵は果敢に、忍耐強く迎え撃った。

当初、5日間での制圧を予定した米軍の計画は激戦により大幅に遅れた。膨大な戦力・兵力投入の果てに摺鉢山に星条旗が掲揚されたのは4週間後の3月14日のことであった。

栗林忠道は3月16日、大本営に訣別の辞を打電する。しかし、みずから挺身隊の陣頭に立ち勇戦した栗林が絶命したのは、それから10日後の26日であった。

訣別電には3首の辞世歌が記され、うち1首は秀歌として『昭和万葉集』に納められている。

国の為　重き努《つとめ》を　果し得で

矢弾尽き果て　散るぞ悲しき

最期まで才の輝きを放ち続けた屈指の名将であった。

（F）

言葉

「一人の強さが勝の因、苦戦に砕けて死を急ぐなよ」

全将兵に配った『膽《たん》兵《へい》の戦闘心得』より。

「特攻」の責任者

大西瀧治郎

海軍中将

「特攻」作戦を決断した男は
「軍神」広瀬武夫を崇拝していた

おおにし・たきじろう●1891年、兵庫生まれ。1912年に海軍兵学校卒。佐世保空司令、第二・第一空司令などを経て、43年に中将。44年、第一航空艦隊長官時に、いわゆる「特攻」を決断。多くの特攻隊員を送り出し死なせた。45年8月に割腹自決。

旧制中学時代の大西瀧治郎は、「軍神」広瀬武夫の存在を知り、崇拝するに至る。広瀬は、日露戦争に参加した明治の軍人である。広瀬は部下を助けに向かい、ロシア軍の砲弾直撃を受け戦死してしまう。当時、広瀬の戦死は、日本男児の典型的な美談として伝えられた。

1944年、中将という立場に昇進していた大西が「特攻」作戦に踏み切った心情に、広瀬武夫の戦死が刷り込んだ影響は大きかった。「人のために死ぬ」という情緒性の根に、広瀬の美談があった。神風特攻は「国のために死んでこい」という作戦である。いまどきのブラック企業のボスが強気な自分に酔った挙句、社員に向かって「死ね」と言い放つケースとはまったく違う。もちろん、「死ぬ気で戦え」と「死んでこい」の間にも大きな違いがある。

最終的に決断したのは大西だったが、当初は特攻発案者たる城英一郎大佐および岡村基春大佐、舟木忠夫司令らの作戦推奨があった。戦況が悪化し敗色濃厚であることを、将校の誰もが理解していた。新聞マスコミは「まだまだやれる」と飽きもせず騒いでいたが、厳しい現状を軍人の誰もが知っていた。下級兵士に死んでもらう「体当たり攻撃」でも仕掛けていかなければ、もはや勝つことはできない……という切羽詰まった危機感が蔓延《まんえん》していたのである。

神風特攻を主導したにもかかわらず、大西自身は特攻することなく生き残った。しかし、終戦の詔勅《しょうちょく》があった後に割腹自決を遂げる。大西が割腹をはかったとき、ある人物が駆けつけた。のちにフィクサーとして知られるようになった児玉誉士夫《こだまよしお》である。

大西瀧治郎がかつて順調な出世街道を歩めなかった理由を、防衛大学校出身の田中恒夫らが『戦場の名言』（草思社・2006年）でこう指摘している。「（大西の）周囲にうさんくさい部外者が集まったことも、（出世や発言力について）マイナスに作用した」。

児玉誉士夫ら民間の右翼活動家とパイプを持っていたことに対し、軍中枢は好ましく思っていなかったことがうかがえる。戦後、長きにわたり闇の権力を発揮した児玉誉士夫というフィクサーに、大西瀧治郎という軍人の存在が「箔《はく》」をつける結果になった。（K）

言葉

「特攻しないで負ければ、真の亡国になる」

負けることを視野に入れつつ、特攻の正当性をレトリックで訴えている。

旗艦「赤城」沈没の痛恨

「ミッドウェー」敗北の無念を「サイパン」でも晴らせず自決

南雲忠一

海軍中将

なぐも・ちゅういち●1887年、山形生まれ。1908年、海軍兵学校卒。33年、重巡洋艦「高雄」艦長、34年、戦艦「山城」艦長などを経て、39年に中将。42年、指揮をとったミッドウェー海戦で敗北。44年7月、サイパン守備戦に破れ、現地で自決。享年57。

1932年、犬養毅首相らを殺害したテロ「五・一五事件」が起きる。犯人は海軍中尉・古賀清志を中心とした軍人たちで、軍部主導の内閣をつくることが目的であった。この事件のとき、南雲忠一は45歳。駆逐艦「如月《きさらぎ》」の艦長もつとめる大尉だったが、『5・15事件の解決策』という文書を出している。そこに「被告の死刑または無期を避けること」と記し、犯人たちを擁護した。当時の軍人同士の情緒的な結束が感じられる。

時はくだり41年、真珠湾攻撃の作戦段階で、南雲は賛同できぬという意見を述べる。真珠湾攻撃よりも、南方作戦を優先すべきだと考えていたからだ。しかし、山本五十六の決断で真珠湾攻撃は実行に移されることになる。南雲は疑問を抱えつつ参加した。南雲の機動部隊は被害もなく大きな戦果を上げることとなった。これは南雲にとって大きな自信となった。その後も、セイロン沖海戦など南雲が率いる機動部隊は、大きな戦果を上げた。

機動部隊の連戦連勝を背景に、42年、南雲忠一はミッドウェー海戦へ挑むことになる。第一艦隊長官として旗艦「赤城」に乗った南雲は、連勝を続けるべく米軍との戦いに臨んだのである。

しかし、米軍機の爆撃を受け「赤城」は大破することとなる。南雲は「赤城」から脱出し、軽巡洋艦「長良《ながら》」へ移った。この戦いで「加賀」も大破し沈没。また、山口多聞少将が司令官をつとめる第二航空戦隊の航空母艦「蒼龍《そうりゅう》」「飛龍」も沈没する結果になった。だが山本五十六は南雲の責任を問わず、再度チャンスを与えた。南雲は44年、中部太平洋方面艦隊・第十四航空艦隊司令長官としてサイパン島へ向かう。サイパンでは米軍を迎え撃ったが、押し寄せてくる敵兵を抑えきることはできなかった。敗北は必至となる。南雲が部下に向かって出した訓示の一部が以下だ。

「天の時を得ず、地の利を占むる能はず、人の和を以って今日に及び、今や戦ふに資材なく、攻むるに砲熕（大砲）悉《ことごと》く破壊し、戦友相次いで斃《たお》る、無念」

勝負は時の運であると痛切に感じていることが伝わってくる。覚悟した南雲は、「帝国男児の真骨頂を発揮すべく」自決を選択する。割腹し、介錯として副官に後頭部を撃たせた。57歳だった。（K）

言葉

「今や、止まるも死、進むも死、死生命あり、須く其の時を得て、帝国男児の真骨頂を発揮するを要す」

サイパン玉砕時の訓示より。

特攻美学の「カリスマ」

23歳青年の死から始まった体当たり「特攻隊」伝説

関 行男

海軍中佐

せき・ゆきお●1921年、愛媛生まれ。旧制西条中学（現・愛媛県立西条高校）を経て、41年海軍兵学校卒。海軍飛行学生を経て、44年大尉。44年、神風特攻隊の指揮官となり、23歳でフィリピン・マバラカットから特攻出撃をして戦死。死後、2階級特進。

関行男は1921年生まれで、関が2016年現在、仮に生きていたとすれば95歳である。今、90を過ぎてもカクシャクとして元気なお年寄り男性は数多くいる。だが、あえて長寿を放棄し、若き命を投げ出したのが関行男だった。「国にとって役立つ自殺者」として、彼が美化されるのは当然だろう。関行男は身長も高く健康で、学業成績も優秀な青年だった。当時のエリートは、二つの選択肢があった。文官として生きるか、武官として生きるかという選択肢である。関は健康であったため、迷わず武官を選ぶ。そして38年海軍兵学校に入学する。卒業後も順調に出世を重ね、44年5月、関は大尉となった。

だが、戦況が悪化していた同年、軍部は体当たり攻撃作戦＝特攻へと踏み出していく。関はフィリピンの戦地において、特攻「敷島隊」「大和隊」「朝日隊」「山桜隊」の総指揮官および「敷島隊」

隊長となる。10月29日、関みずからが特攻を仕掛け、米軍空母「セント・ロー」を撃沈したと報道された。当時の「朝日新聞」は、関の顔写真入りで勇ましい見出しをつけた。

「神鷲の忠烈　万世に燦《さん》たり」

「敵艦隊を補足し　必死必中の体当たり」

今はいじめ問題などで自殺防止に取り組む朝日新聞だが、当時は特攻自殺を美化していた。

森本忠夫（海軍航空隊員出身。戦後、京大を卒業し東レに入社。ソ連や中国など社会主義国家との貿易関係に取り組んだ経済人）は、著作『特攻　外道の統率と人間の条件』（1992年）のなかで、関と直接話した同盟記者通信・小野田政の取材内容を引用している。関はこう言ったという。

「ぼくは天皇陛下のためとか、日本帝国のためとかで行くんじゃない。最愛のKA（海軍の隠語で、カカア。つまり嫁）のために行くんだ。日本が負けたらKAがアメ公に強姦されるかもしれない。ぼくは彼女を護るために死ぬんだ」

関は新婚間もない満里子夫人の存在を、強く意識していた。妻を護るためか、国を護るためか。後者として報じたのは、当時の朝日新聞だった。（K）

言葉

「帝国の為、身を以て母艦に体当たりを行ひ、君恩（天皇の恩）に報ずる覚悟です」

特攻直前の遺書より。だが、その一方で「天皇陛下のために行くんじゃない。愛する者を護るために行くんだ」と言ったともされている。

わがいのち
月明に燃ゆ

将来を奪われた学生が遺した「軍国主義」への憎悪と諦《てい》念《ねん》

林 尹夫

海軍少尉

はやし・ただお●1918年、東京生まれ。43年、旧制第三高等学校（現在の京都大学）から、学徒出陣で少尉として任官する。終戦まで1カ月を切っていた45年7月、一式陸上攻撃機に搭乗し四国沖の夜間哨戒に出たが、米軍機に発見され撃墜された。享年23。

戦況が悪化の一途《いっと》をたどっていた1943年、学徒出陣が始まる。兵力を補給するために、学生たちを徴兵することになったのである。

具体的には、10月1日に東條英機内閣によって公布された「在学徴集延期臨時特例」だった。それまでとられていた学生への徴兵延期措置を撤廃してしまう勅令で、これにより次々と学生たちが駆り出されていくことになる。最終的に、13万人を超える学徒兵たちが召集されることになった。

学徒出陣によって、多くの将来有望な若者が戦地で命を失う結果になる。また、学徒たちの多くは下士官以上の肩書きを与えられたため、現地の責任者としてBC級戦犯に認定されてしまう悲劇も生まれた。林伊夫も、この学徒出陣で駆り出された一人である。

旧制横須賀中学（現在の県立横須賀高校。小泉純一郎元総理の出身校）から旧制第三高等学校（現在の京都大学）に進んだ林伊夫は、文学や語学に精通した青年だった。

感性が豊かで思索も深く、遺《のこ》された論文・書簡・日記が彼の才能を物語っている。これらの文章は林の死後、兄によって『わがいのち月明に燃ゆ』という一冊にまとめられた。ここには18歳から23歳まで、戦死2週間前に書かれた日記が収められている。

「愚劣なりし日本よ。優柔不断なる日本よ。汝、いかに愚劣なりとも、我らこの国の人たる以上、その防衛に奮起せざるをえず」と、林はやるせない思いを述べる。

軍国主義や戦争に対して批判的な分析をしつつも、国民の一人として参加せざるを得ない青年のアンビバレントな心情がそこにあった。

45年の7月、一式陸上攻撃機で夜間の偵察に出た林は、消息を絶った。アメリカ軍機に発見され、撃墜されたのである。23歳だった。

ちなみに所属部隊は違うが、林と同じ第14期の飛行予備学生には、石丸進一がいる。石丸は名古屋軍（現在の中日ドラゴンズ）で投手をつとめ、43年にはノーヒットノーランも記録。しかし召集され、特攻隊員に志願して戦死した。石丸は特攻で戦死した唯一のプロ野球選手である。（K）

言葉

「いや、いりません。むだです」

数学の書籍を兄に送ってもらおうと頼むが、すぐにそれを打ち消した。この手紙のひと月半後に林は戦死する。

戦艦「大和」最後の司令長官

沖縄「海上特攻作戦」への途上
戦艦「大和」とともに散った

伊藤整一

海軍大将

いとう・せいいち●1890年、福岡生まれ。1911年、海軍兵学校卒。23年、海軍大学校甲種を首席で卒業。27〜29年、米国駐在。「最上《もがみ》」艦長などを経て、41年に中将。44年、第二艦隊司令長官。45年4月、戦艦「大和」沈没とともに沖縄で戦死。死後、大将に特進。

伊藤整一は、山本五十六、井上成美《しげよし》、米内《よない》光政らと同じ「海軍リベラル派」と目《もく》される人物だった。山本らと同様、英米の実力に対して冷静な評価を下していて、開戦に危惧《きぐ》する思いは強かった。ただ伊藤は、女好きの山本・米内とは違い、愛妻家であった。その意味では、井上と近いキャラクターだろう。最初の妻とは死別したが、その後に再婚したさやか夫人とは最後まで仲睦《むつ》まじかったようだ。また、伊藤は戦艦「大和《やまと》」と運命をともにしたことでも知られている。「大和」は全長２６３メートルを誇る世界史上最大の戦艦で、３３３２名の乗員を収容した。前型の「長門《ながと》」「陸奥《むつ》」より全長で約50メートル長く、乗員も2倍以上に増えた。大和の内部には狭い通路と数多い階段が各所に配置され、まるで地下街のようであったという。

大和がつくられた背景には、１９３６年に日本が「ロンドン海軍軍縮会議」から脱退したことがあった。この脱退によって、巨大で強力な戦艦の製造・保有に関してなんら制約を受けないことになったのである。

41年の12月16日に史上最大の戦艦・大和は就役する。奇襲に成功した真珠湾攻撃から、8日後のことだった。大和は42年から44年、ミッドウェー、ソロモン諸島、マリアナ沖、レイテ沖と戦いを重ね45年に沖縄海上特攻に出撃することになった。このときの艦隊司令長官が、伊藤整一である。

しかし、海上特攻に向かう45年4月7日、鹿児島県・坊ノ岬沖において、大和は敗北する。米軍の第五艦隊司令長官レイモンド・スプルーアンス大将は、大和を撃沈させるため、航空攻撃を命じた。アメリカ軍航空隊数百機は続けざまに波状攻撃を仕掛け、また、水面下でも魚雷が次々と命中していく。そして、大和の巨体は破壊され炎上。転覆しただけでなく、前弾火薬庫に着火し大爆発を起こした。伊藤はアメリカのエール大学に留学していたとき、この攻撃を命令したスプルーアンスと親交があったとされる。

この坊ノ岬沖海戦で、伊藤整一司令官は戦死。有賀幸作艦長を含む2740名も戦死した。そして伊藤の息子・叡《あきら》も、父親を追うように同月28日、特攻機で出撃し沖縄海域で戦死している。（K）

言葉

「(妻に向け)此の期に臨み、顧みるとわれら二人の過去は幸福に満ちている。(娘たちに向け)お母さんのような婦人になりなさい」

遺書で、妻と娘たちに率直な思いを伝えた。

児玉機関の生みの親

内地帰還の飛行艇が敵機遭遇 敵陣に不時着「悲運の自決」

山県正郷

海軍大将

やまがた・まさくに●1891年、山口生まれ。海軍兵学校39期。水雷学校高等科を卒業後、水雷研究一筋に進むが、32年、航空本部へ異動し、新型航空機製造にとりくんだ。名機九六式陸上攻撃機は山県の肝いりで開発された。45年3月に死去。死後、大将に特進。

山県正郷は1911年に海軍大学校入校の後、水雷学校高等科へ進み首席で卒業している。水雷学校では、教科書の記述の理論的間違いを指摘してみせ、その頭脳明晰は教官を驚かせたという逸話がある。その後、駆逐艦「欅《けやき》」「矢風」「椿《つばき》」などの水雷長をつとめ水雷屋一筋に進んだ。

32年に航空本部へ異動となり、雷撃機、航空魚雷の計画を推し進める。水雷屋から一転、海軍において大艦巨砲主義を排し、航空戦力第一主義をとなえ、航空軍備充実の大規模・迅速な実施を主張する改革派となった。39年12月、海軍航空本部総務部長に就任すると官設民営工場の計画を発案し、航空機製造の民間委任を実行させる。

こうした発想は物資調達にも応用され、海軍省から与えられる資材が必要量配当されないことから民間の利用を発企《ほっき》する。31年、笹川良一を介し児玉誉士夫を紹介されると上海の航空本部特務工作部隊として児玉機関の設立を支援。児玉機関の目的は、海軍航空本部が必要とする物資を中国で調達し日本に送ることにあった。児玉は山県正郷の遺著『ある提督の回想録』の序文に「児玉機関は山県正郷閣下の戦局に対する先見の明と決断によって生まれたのである」と書いている。

43年、戦局穏やかな高雄警備府司令長官に着任。しかし、同年秋にオーストラリアで反撃態勢を整えた米軍が南太平洋上での動きを活発化させたため、海軍は11月、第四南遣《なんけん》艦隊を新設、山県正郷はその司令長官に補《ほ》せられ、司令部の置かれたアンボンに向かうことになる。アンボンで米軍の接近を待っていた山県だが、マッカーサーは一足飛びにフィリピンへ上陸してしまう。

この戦局変化によって45年3月、第四南遣艦隊は解散し、司令長官だった山県は軍令部出仕を任じられ内地へ帰還することになった。しかし九七式飛行艇で空路異動の途中、危険を指摘されていた台湾と上海間の洋上において米国グラマン機に遭遇、交戦となる。撃墜されることはなかったが、燃料不足に陥った飛行艇は中国沿岸の河川に不時着水する。該地は中国軍が支配する地域であり、交戦となったが、中国軍地上部隊に囲まれては飛行艇乗務員の戦力ではなす術《すべ》もなく、山県はその機内で自刃したとされる。　（F）

言葉

「草莽《そうもう》の民として奮戦をもって自分の任を尽くせばよい」

山県の回想録にある国民への期待の言葉。

第九艦隊司令長官

実直なるエリート武官は
南方の密林に消息を絶った

遠藤喜一

海軍大将

遠藤喜一は学習院から1908年に海軍兵学校へ進み、39期卒。17年に海軍大学校、続いて海軍砲術学校高等科を卒業。ドイツ駐在武官、艦政本部、航空本部勤務を経て軽巡「鬼怒《きぬ》」艦長になっている。実直な人柄であり、35年から約1年間、侍従武官として天皇に奉仕、このとき二・二六事件が起こり、海軍武官ではただひとり宮中にいて事件収束に対処した。

ドイツ駐在武官時代の38年12月、日本国内が日独伊三国同盟問題で紛糾するなか、ドイツより「独伊対英仏の場合、帝国が参戦せば米国は少なくとも対日経済封鎖を行う算大」と打電、締結に危惧《きぐ》を訴えている。その後、横須賀鎮守府参謀長を経て2代目総力戦研究所長に着任した。

43年3月、第一遣支《けんし》艦隊司令長官として揚子江方面の治安確保の任につく。ここでは大きな戦闘はなかったが、その後、軍令部出仕を経て、同年秋、新編成の第九艦隊司令長官となり米軍の反抗

えんどう・よしかず●1891年、東京生まれ。父は海軍少将・遠藤喜太郎。1908年、海軍兵学校入校、海軍砲術学校高等科を卒業後、ドイツ駐在。38年にもドイツへ派遣され三国同盟問題に対処。43年、第九艦隊司令長官となりニューギニアで玉砕。死後、大将に特進。

が熾烈《しれつ》なニューギニア方面の第一線に参戦する。

第九艦隊は敷設艦「白鷹《しらたか》」と駆逐艦「不知火《しらぬい》」ほか若干の掃海艇が付属するのみの陸上部隊であり、のちに陸軍と共同作戦をとることになるが、第十八軍の兵站《へいたん》部隊が主であったため実戦力には乏しく、この合同軍では大規模空襲をかけてくる米軍に対抗する術《すべ》は持っていなかった。

44年4月、敵機襲来に追われるように司令部はニューギニア北岸のウエワクからホーランジアへ移転、狙い撃ちするように来襲する米軍爆撃機により、第九艦隊と共同作戦をとっていた陸軍第四航空軍、第六飛行師団の航空機130機が破壊される。

同年4月22日、連合軍がホーランジアへ上陸、壮絶な戦闘となるも、もはや遠藤麾下《きか》の第九艦隊には敵を押しとどめる力はなかった。玉砕を決意した遠藤はニューギニアの密林奥深く分け入り戦闘を続けたようだが、混乱のなか、誰もその死を確認することはできなかった。一説には山中にて自決したともいわれているが、日時などは不明とされている。

遠藤喜一が海軍大将に親任されたのは、行方不明となってから9カ月も後のことだった。（F）

言葉

「欧州戦乱は今秋勃発の算大なり」

遠藤が打電した2カ月後、ドイツがポーランドに侵攻を開始する。

大勝・スラバヤ沖海戦の雄将

「スラバヤ沖海戦」を指揮した猛将はサイパン島で自決した

高木武雄

海軍大将

たかぎ・たけお●1892年、福島生まれ。1917年、海軍大学校卒（23期）。第三艦隊第五戦隊司令官ののち馬公鎮守府司令長官、高雄警備府司令長官、第六艦隊司令長官を歴任。44年、サイパン島で戦死とされているが、その死には異説もある。死後、大将に特進。

太平洋戦争開戦とともに東南アジア方面に侵攻を開始した日本軍は、多くの地下資源が眠るオランダ領インドネシア（蘭印）をめざし進撃した。緒戦においてシンガポール攻略に成功した日本軍は続いてスマトラ島、ジャワ島の占領のため南下する。１９４２年2月末、同島上陸を目指し、高木武雄司令官率いる第五戦隊は連合国艦隊（米、英、蘭、豪による合同部隊）と激しい砲戦、雷撃戦を展開した。海軍の最新兵器であった九三式酸素魚雷はこのとき初めて実戦使用されている。

高木武雄は軽巡「長良《ながら》」艦長から重巡「高雄《たかお》」艦長を経て、37年に連合艦隊旗艦「陸奥」の艦長に着任。その後軍令部第二部長を経て41年、第五艦隊司令官となった。

42年2月27日、第四十八師団のクラガン上陸作戦を援護するためスラバヤ沖を航行中の第五戦隊は、偵察機より南方から接近する敵艦隊を発見の報を受け、交戦態勢に入った。

17時45分より両軍の艦艇が向かい合う形で激しい砲撃戦が始まり、それは約45分間続けられた。薄暮が迫り、いったん退却を開始したと思われた敵艦隊は深夜に再び北上を開始。しかし高木艦隊はこの動きを見逃さず、魚雷攻撃によってオランダの駆逐艦「コルテノール」を轟沈させる。

同日昼に戦闘は再開された。西方に移動する敵艦隊を追いかける形で砲撃・雷撃を続けた高木艦隊は英国の重巡「エクセター」、駆逐艦「エンカウンター」などを撃沈、ついにジャワ東部における制海権を獲得する。海戦で戦果をあげた高木は歓呼で迎えられた。しかし軍部内には長距離をおいた砲撃だったことに対する批判もあり、珊瑚海海戦（42年5月）では原忠一少将指揮の第五航空戦隊が索敵に失敗する汚点を残す。

43年、高木は第六艦隊司令官に着任。マリアナ沖海戦に参戦するも、日本の潜水艦は構造・戦術ともに欧米に著《いちじる》しく劣り、サイパン残留要人救出作戦も戦果をあげられなかった。

「潜水艦連絡作業は成功の算少なく、もっぱら敵攻撃に邁進せよ」

そう打電し、高木は敵軍の猛攻のなか、サイパンで自決したといわれる。またサイパン陥落の日に高木は東京にいたという異説もある。（F）

言葉

「われ敵陣に突入す。万歳」

軍令部に打電し、高木はサイパンの露と散った。

捕虜脱走計画の中心人物

「生きて虜囚の辱《はずかし》めを受けず」の精神に苦悩した日本兵捕虜

豊島一

三等飛行兵曹

とよしま・はじめ●1920年、香川生まれ。38年に佐世保海兵団入団。戦闘機操縦員となり、空母「飛龍」所属。42年、乗機を撃墜され捕虜（戦死とされ特進）。収容所では偽名の「南忠男」を名乗る。44年8月に大規模脱走計画を指導。失敗し、喉を切って自殺。

1944年8月5日、オーストラリアのカウラにあった捕虜収容所で、日本人捕虜約1000人が集団脱走を企てるという事件が発生する。結末からいえばこの事件はすぐ鎮圧され、失敗に終わるが、連合国側に日本軍捕虜の取り扱いについて深刻な憂慮さえもたらした。そしてこの事件の首謀者とされているのが、豊島一という海軍軍人だった。

豊島は海軍の一等水兵で、戦闘機搭乗員として空母「飛龍《ひりゅう》」に所属。同艦が42年2月に行ったオーストラリアのポート・ダーウィン空襲時に敵の対空砲火に撃墜され、捕虜となった。この時期、まだ日本兵の捕虜はほぼ存在しておらず、オーストラリアの捕虜収容所に入っていた日本人捕虜は、豊島のような撃墜された航空機パイロットが数人というような状況だった。

もっともその後、日本人捕虜は激増。そのとき、豊島は最古参の捕虜として、また収容所内で習得した英語の技能をもって、日本人捕虜の顔役の座に上り詰めていた。

カウラ収容所では捕虜に重労働が課されるわけでもなく、食べ物もきちんと供給されていたので、特に飢餓のニューギニア戦線で捕虜になった陸軍兵はありがたささえ感じていた。しかしそれに豊島は批判的だった。日本の軍人たるもの、捕虜になった事実を恥じるべきだというのである。日本人捕虜たちの間では「生きて虜囚の辱めを受けず」といった戦陣訓の価値観をめぐって口論が発生することもあり、物質的な問題とは別に、精神的状況でギスギスしたものが生まれていたらしい。

44年8月、増え続ける捕虜の数に対応できなくなったカウラ収容所は、下士官と兵を分離して別の収容所に移すと発表。これに日本兵捕虜は「下士官と兵は一体」と反発。脱走計画が練られる。一部生存者の証言によれば、折からの収容所内での「日本兵としての精神」に関する論争から、捕虜たちの間に「勇気を見せつける機会」を求めるような空気が発生しており、それが脱走計画に結びついた面は確実にあるという。8月5日未明、豊島が収容所内で吹いたラッパの音を合図に捕虜約1000人が蜂起。しかし武器もなく、脱走したところで行く当てもないそれは即時鎮圧され、豊島ほか230人が死んで失敗に終わった。（O）

言葉

「陸軍のやつらはだらしない。帝国軍人の恥さらしだ」

捕虜収容所での食事に喜ぶニューギニアからの捕虜を見て豊島はそう言ったという。

飛行第六十四戦隊長

「陸軍航空部隊」をつくった男はビルマ戦線で散り「軍神」に

加藤建夫

陸軍少将

かとう・たてお●1903年、北海道生まれ。25年陸軍士官学校卒。所沢陸軍飛行学校、明野陸軍飛行学校教官などを経て、支那事変で航空部隊を率い活躍。41年、飛行第六十四戦隊長。42年5月、ビルマで中佐として戦死。死後、2階級特進。

北海道旭川開拓のため、同地に屯田兵《とんでんへい》が入ったのは明治20年代半ばのこと。その屯田兵集団のなかに、京都から来た加藤鉄蔵という人物がいた。鉄蔵は人望にあふれる優秀な開拓者で、旭川の屯田兵を束ねるリーダーの一人と目《もく》されていた。その鉄蔵の次男として1903年に旭川で生まれた人物こそが、後に日本陸軍の名戦闘機パイロットとして名をはせ、ビルマ戦線で戦死して「軍神加藤」と称えられた陸軍少将・加藤建夫である。

鉄蔵は加藤が生まれてすぐ日露戦争に出征し、加藤が2歳にもならぬ05年3月の奉天《ほうてん》会戦で戦死した。しかし鉄蔵の偉大な名は、旭川の人々すべてが仰ぐものとなっていた。加藤少年は小学生の頃、「父の仇を取る」という作文を書いて父のような陸軍軍人になることを決意する。

25年に陸軍士官学校を卒業した加藤は、未開の北海道に挑んだ父のように、まだ海のものとも山のものともつかなかった飛行部隊への道を志願する。実際、日本陸軍に航空科ができたのは、その年のことである。そして加藤は、旭川を一からつくり上げていった父のように、陸軍航空部隊を一からつくっていった。所沢陸軍飛行学校では成績優秀者として恩賜《おんし》の銀時計を拝受。37年からの支那事変では戦闘機部隊を率いて活躍し、陸軍航空部隊としては初となる感状を授与された。

41年12月8日に対米英戦が開始されたとき、加藤は新鋭戦闘機「隼《はやぶさ》」を配備する飛行第六十四戦隊の隊長だった。開戦当初のマレー半島攻略作戦やインドネシア・パレンバン油田空挺占領作戦を、加藤は戦闘機を率いて空中護衛。陸軍の快進撃を支えた。加藤の信条は徹底したチームワーク重視だった。冗談を好む親しみやすい人柄だった加藤は、常に部下との良好な人間関係構築に努めた。また加藤は部下が個人撃墜数を誇ることを厳禁し、上層部には「部隊撃墜数」しか報告しなかった。

42年5月22日、ビルマ戦線のアキャブ飛行場にいた加藤は、そこを急襲したイギリス空軍部隊を迎撃するため飛び立ち、乱戦のなかで戦死。死後、彼を顕彰する映画や軍歌などがつくられ、2階級特進して「軍神」とも呼ばれた。だが彼はすでに生前、部下から「軍神」と尊敬とともに呼ばれ、その強固な団結の下に奮戦する部隊の姿は、軍内で「加藤教」とも呼ばれていたという。（O）

言葉

「戦いは刀が鞘に収まっているうちに決まる」

努力の人だった加藤は、常に自己研鑽や敵戦力の研究を怠らなかった。

親米・反独の
連合艦隊司令長官

古賀峯一

元帥海軍大将

「三分の勝ち目もない」と公言
米英の強さを熟知していた国際派

こが・みねいち●1885年、佐賀生まれ。海軍兵学校34期、海軍大学校卒。海軍省や軍令部に勤務するとともに、フランス駐在の経験もある国際派だった。対米開戦時は支那方面艦隊司令長官。43年、連合艦隊司令長官。44年に殉職。死後、元帥府に列せられる。

対米開戦時の連合艦隊司令長官・山本五十六の戦死を受けて、1943年4月に後任の司令長官となったのが、海軍大将・古賀峯一だった。

古賀は海軍内でも有名な親米英派、反独伊派で、開戦前から明確に「米英と戦争をしても勝てない」と公言。ヒトラーやムッソリーニを「ゴロツキ」「乞食」などと呼び、日独伊三国同盟に走る政府や陸軍を苦々しい思いで見ていた人物だった。連合艦隊司令長官に就任した直後の会議でも「すでに三分の勝ち目もない」と発言。作戦関係のことは、海軍きっての戦術家として知られた福留繁《ふくどめしげる》参謀長にほとんど丸投げし、部下と将棋ばかり指しているような日々を送っていた。無責任といえば無責任な態度だが、この時期において「すでに三分の勝ち目もない」という古賀の見立ては、むしろ正確なものでさえあった。

44年3月31日、古賀は海軍の飛行艇に乗ってミクロネシアのパラオからフィリピン南部ダバオに向かって移動中、低気圧に巻き込まれ、墜落し死亡する。これだけならば「悲運の提督が遭遇した悲劇の事件」として片付けられそうだが、古賀の乗った一番機に続いた二番機が問題だった。

連合艦隊・福留参謀長の乗った二番機はフィリピンのセブ島近海に不時着。福留以下の乗員は泳いで島に上陸したが、そこであっさりと抗日ゲリラの捕虜となり、所持していた作戦資料や暗号表などを奪われる。福留らはすぐに解放されたのだが、作戦資料を奪われたということは、さすがに海軍内で問題になった。ただ福留は軍の取り調べに対し「資料の入ったカバンはゲリラに奪われたが、彼らはそのカバンに大した関心を持っていなかった」と供述。海軍の糾明委員会はその言い分にあっさり納得し、特に福留を処分することもなく事件の追及をやめてしまう。

ちなみに福留が奪われた資料はすぐゲリラから米軍の手に渡り徹底解明され、その後の米軍の作戦立案の貴重な参考資料になったという。これを「海軍乙事件」というが、身内の失態に関しては甘かった海軍の内部構造問題の象徴的な例証として、常に挙げられるものとなっている。

古賀の死は戦死ではなく殉職で、古賀は靖国神社には合祀《ごうし》されていない。

（O）

言葉

「強いやつにはかなわない。仲よくすることだ」

古賀はそう言って最後まで米英との開戦に反対していた。

「陸軍中野学校」生みの親

日本軍の情報機関強化に尽力
〝スパイ養成学校〟の創設者

秋草 俊

陸軍少将

あきくさ・しゅん●1894年、栃木生まれ。陸軍士官学校26期。軍命で東京外国語学校にて外国語を学び、主に中国で諜報活動に従事。1938年、後方勤務要員養成所長。40年からはドイツで諜報活動に。終戦時は関東軍情報部長でシベリアに抑留され49年没。

1966年から68年にかけて計5作品がつくられた、大映の『陸軍中野学校』という映画シリーズがあった。それまで時代劇専門の俳優とされていた市川雷蔵が現代劇に挑戦した注目作で興業的にもヒット。内容はタイトルの通り「陸軍中野学校」という、日本陸軍のスパイ養成学校を舞台としたアクション映画である。もちろん筋書きはフィクションだが、中野学校は実在した機関で、実際にスパイ養成を行っていた。映画で市川雷蔵を教え導く、教官の「草薙《くさなぎ》中佐」にも、実在のモデルがいた。それが陸軍少将・秋草俊である。秋草は陸軍士官学校卒業後に軍命で外国語を学び、その後、海外の特務機関（諜報機関）で情報工作に従事した人物。日本軍にスパイを養成する専門機関がないことを憂い、同志らとともに軍上層部に要請し、38年、「後方勤務要員養成所」という名前で開設させたのが、後の中野学校である。秋草はその養成所の初代所長だった。

「タバコが好きだが酒は飲めない」「秀才なのにあえて陸軍大学校に行かなかった」といった映画『陸軍中野学校』での草薙中佐の人柄は、実際の秋草とよく似たものであったらしい。「君、女は好きか？」「(地図を広げ)ティモール島はどこにある？」といった、草薙が市川雷蔵にたたみかける不思議な質問も、実際の養成所入所試験で行われていたもののようだ。

後方勤務要員養成所が正式に「陸軍中野学校」となるのは40年のこと。その存在は軍内でも極秘とされ、学生は「世間一般の風を知っている」ということから陸軍士官学校卒業者より一般大学出身者が多く、軍服を着用することもなく、髪も長く伸ばし、かなりきわどい政治的な議論が校内で交わされることもあったという。

しかし対米開戦直前にできた学校ということで、その出身者たちはあまり戦局に大きな影響はおよぼせなかった。しかし、日本軍とともに戦った反英インド人部隊「インド国民軍」や、ビルマの独立義勇軍創設を助けたのは中野学校出身者らであり、戦後30年にわたってフィリピンのルバング島に潜伏していた小野田寛郎少尉も中野学校OBである。終戦時、関東軍情報部長をつとめていた秋草は、ソ連軍の捕虜になり、シベリア抑留中に死亡した。　　　　(O)

言葉

「諸君が親から付けられた名は軍で預かる」

秋草は後方勤務要員養成所の第一期生に偽名を与え、そう宣告した。

ビアク島守備戦の指揮官

凄惨きわまる「ビアク島の戦い」戦禍のなかで果てた「雪部隊」の将

葛目直幸

陸軍中将

くずめ・なおゆき●1890年、高知生まれ。1913年、陸軍士官学校卒（25期）。近衛歩兵第四連隊、独立守備歩兵第十八連隊、高松連隊区司令官などを経て、41年、歩兵第二百二十二連隊長に。戦時は大佐。44年、ビアク島守備戦で死後、2階級特進し中将に。

1944年5月から8月にかけて展開された、ニューギニア北西部にあるビアク島の戦いはもっとも痛ましい玉砕戦のひとつだが、これを戦った歩兵第二百二十二連隊ビアク支隊の長をつとめたのが葛目直幸である。1890年、高知県長岡郡生まれ。珍しく酒も煙草もやらない生真面目な人物であったという。1941年、故郷を遠く離れた弘前で、青森、岩手、秋田、山形など東北人で編成された歩兵第二百二十二連隊、通称〝雪部隊〟の連隊長に就任する。

この葛目支隊に南方転進が下命されるのが43年8月である。支隊の当初の任務は飛行場建設だった。固い石灰岩でできた島での滑走路造成は困難を極めたが44年4月に完成をみる。だが米軍はこの完成を見越した上で島へ猛攻撃をかけてきた。ビアク島派遣は大本営がこれを絶対国防遣の第一線と定めていたからだが、制空権の喪失で戦線後退を余儀なくされた。航空基地完成のあかつきには増援されるはずだったが、大本営の混乱により友軍は来なかった。

作戦会議のためセレベス島から訪問した沼田多稼蔵《たかぞう》参謀長が敵襲のため帰還不可能になったことも部隊を混乱させた。島の地勢や戦況に疎《うと》い沼田が作戦に口を出し始めたからだ。指揮混乱による兵力損失に業《ごう》を煮やし、葛目は上官の沼田に「島を離れていただきたい」と具申する。

米軍の圧倒的な火力の前に抗《あらが》う術なく、司令部を置いた巨大洞窟（西洞窟）に雪隠詰《せっちんづめ》となった部隊は6月、玉砕を決定する。ところが援軍到着の報を聞き、葛目は玉砕命令を撤回した。すでに軍旗は奉焼。建前主義の強固な軍部にあって、酷況のなか冷静に転進抗戦を決断した葛目は人格者であったと今日の評価は高い。だが軍旗を焼いた葛目は、すでに自決を覚悟していた。同年7月2日「敵情視察に行く」と随兵とともに外出した葛目は林のなかで本土に向かって座り、軍刀で頸動脈を切った後、腹中で手榴弾を爆破させて果てた。

8月20日、戦闘は終了。葛目支隊の抗戦で飛行場占取が大幅に遅れた米軍は、ここからマリアナ沖海戦に航空戦力を送り出せなかった。ビアク島の戦いで戦死した日本兵は1万2000人以上、生きて帰還できたのは500人余であった。（F）

言葉

「軍旗はここで奉焼する。しかし、最後の戦いはこれからだ」

敵軍から秘匿するため軍旗を焼いた葛目は、自決を心に決めていた。

「見敵必殺」の猛将

太平洋に玉砕した猛将 〝海軍攻撃精神〟の体現者

角田覚治

海軍中将

かくた・かくじ●1890年、新潟生まれ。海軍大学校卒。海軍省や軍令部などの中央官庁よりも現場部隊を渡り歩き、戦艦「長門」や「山城」の艦長などを歴任。対米開戦前後から航空部隊の指揮を執りはじめ、1943年、第一航空艦隊司令。44年、テニアン島で玉砕。

俗に「南雲機動部隊」と称された真珠湾の殊勲部隊、第一航空艦隊は1942年6月のミッドウェー海戦で壊滅的な損害を受け、一時解散に追い込まれていた。この艦隊が再建されたのは翌43年7月のことである。すでに日本海軍に残っていた空母は少なくなっていたので、空母ではなく、太平洋に散らばる島々の飛行場を「不沈空母」に見立て、そこを拠点に陸上航空部隊を運用していこうという構想の下に再編された。この新・第一航空艦隊の司令として着任したのが、海軍中将・角田覚治だった。南雲機動部隊を率いた南雲忠一は、元来水雷畑で航空戦に詳しくなかったが、角田も砲術畑の人間で、航空分野にそこまでの知識を持たなかった。

しかし、何事にも慎重で、時に優柔不断でさえあった南雲と対照的に、角田は攻撃精神旺盛な猛将タイプであり、部下の飛行機乗りたちからの評判は決して悪いものではなかった。

44年2月、マリアナ諸島に進出したばかりの第一航空艦隊を、米軍機動部隊の航空機が襲った。角田はこれに徹底反撃することを命令。部隊内からは、まだ進出直後で戦力に十分な余裕がないことなどから反対する声も上がったが、角田は攻撃を断行。果たして第一航空艦隊は壊滅的な被害を出して返り討ちにあう。

同年7月24日、第一航空艦隊の司令部があったマリアナ諸島テニアン島に、米軍5万4000が上陸してくる。すでに司令部から撤退命令が出ていたが、米軍に周辺海域を押さえられていたこともあってうまくいかず、角田は陸軍部隊と合わせて約8000の兵とともに迎撃に出た。

テニアン島は全体が平坦な島で、自然の地形に隠れて持久戦を行えるような場所ではなく、戦いは米軍側の一方的なペースで進む。これはあくまで気合を示しただけで、実際に行われたわけではなかったというが、角田はテニアン島に住んでいた一般市民のうち「老人婦女子を爆薬にて処決」して戦うと軍令部に打電。いよいよ追いつめられても自決を拒否し、中将という階級の高級軍人としては異例なことに、みずから手榴弾を持って兵士とともに前線へ駆け出し、その後の消息を絶った。　（O）

言葉

「諸君の生還を喜ばない。ただ戦果のみを喜ぶ」

1942年10月の南太平洋海戦に参加した時、角田は出撃する部下にこう言い放った。

ミッドウェーの闘将

山口多聞

ミッドウェー海戦で見せた意地
猛烈なる"人殺し多聞丸"

海軍中将

やまぐち・たもん●1892年、東京生まれ。海軍兵学校40期、海軍大学校卒。連合艦隊参謀、戦艦「伊勢」艦長などを歴任。駐アメリカ大使館付武官も経験した国際派だった。1940年、第二航空戦隊司令。42年、ミッドウェー海戦で戦死。

対米戦の口火を切った真珠湾攻撃からニューギニア、オーストラリア攻撃、インド洋作戦と、文字通り「大東亜」の海を暴れまわった日本海軍の空母艦隊「南雲機動部隊」の名は今でも非常に有名である。しかしその司令であった南雲忠一は、実は航空戦の専門家ではなかったということも、また有名な事実である。その意味で、空母「蒼龍」「飛龍」を擁し、南雲機動部隊の重要な一翼を担った第二航空戦隊司令・山口多聞には、「もし山口提督が機動部隊全体の指揮官であったなら……」とする声が常にあった。山口は対米開戦前から空母部隊の指揮を執った経験がある航空主兵論者だった。山口は苛烈なまでの攻撃精神を持つことで知られた人物でもあった。部下に課した訓練の激しさは、時として常軌を逸したものさえあり、「人殺し多聞丸」というあだ名をつけられていたほどだった。真珠湾攻撃で「大戦果」に沸き、そのまま帰投しようとする南雲に「第二撃準備完了」と具申し、さらなる攻撃を促したエピソードは有名である（結果的に第二次攻撃は行われなかった）。

太平洋戦線で並ぶもののない勇名をはせた南雲機動部隊が壊滅的な被害を受けるのが、1942年6月のミッドウェー海戦。この戦いで南雲機動部隊は一気に4隻の空母を失うわけだが、4隻が沈んだ順番には若干の差があった。南雲が直接率いていた第一航空戦隊の「赤城」「加賀」、そして第二航空戦隊の「蒼龍」は午前中の攻撃で沈んだのだが、山口の乗った「飛龍」はこの3隻から離れた位置にいたため、攻撃を免れる。山口は「我レ今ヨリ航空戦ノ指揮ヲ執ル」と布告。飛龍単独で敵軍に向かっていった。

「人殺し多聞丸」の名の通り、山口は飛龍航空部隊に矢継ぎ早の攻撃命令を下し、敵空母「ヨークタウン」を航行不能に追い込む。誤認情報ではあったが、山口の下には空母をもう1隻撃沈したとの報も入り、「これで日本と米国の空母は1隻ずつ。対等に戻した。勝てる」と思った飛龍乗組員もいたという。しかしこの日の夕方、「最後の日本空母」に殺到する敵航空機の猛攻を受け、飛龍はついに大破炎上。航行不能となり、味方の駆逐艦に魚雷を撃たせ、雷撃処分となった。

山口は部下に退艦を命じながら自身は飛龍にとどまり、ミッドウェーの夜の海に沈んだ。（O）

言葉

「今日は一緒に月でも見よう」

飛龍沈没時、ともに艦に残った加来止男《かくとめお》艦長に山口はそう言ったという。

連合艦隊参謀長

山本五十六との確執・和解
「覚悟の特攻」が意味すること

宇垣纏
海軍中将

うがき・まとめ●1890年、岡山生まれ。海軍大学校卒。軍令部参謀、海大教官、戦艦「日向」艦長、軍令部第一部長などを歴任。41年から43年まで連合艦隊参謀長。終戦の玉音放送後、第五航空艦隊司令として部下とともに沖縄方面へ特攻する。

宇垣纏《まとめ》は対米戦の火蓋を切った真珠湾攻撃時の、連合艦隊参謀長だった人物である。普通に考えれば、その戦勝の立役者の一人だが、実際の彼はこの時、連合艦隊内で、ある種「浮いた存在」になっていた。山本五十六司令長官からは、ほとんど「干されていた」に等しい扱いを受けていたともされる。宇垣は、押しも押されもせぬ海軍保守本流のエリートだった。

宇垣の戦略思想は「大艦巨砲主義」。巨大な大砲を搭載した大戦艦が艦隊を引き連れて洋上で殴り合うという、海軍主流派の考え方だった。これに対して「今後は航空兵力の時代」とし、航空母艦を真珠湾に差し向けてその論の正しさを実証した山本司令長官とは、馬が合うはずがなかった。

しかし宇垣はいわゆる「頭でっかちの試験秀才」ではなく、軍人としての能力に劣る人材でもなかった。それが皮肉にも証明されたのは、連合艦隊の誇る空母部隊が惨敗した1942年6月のミッドウェー海戦においてだった。

空母4隻喪失の報に愕然《がくぜん》とする連合艦隊司令部内で、宇垣は狼狽する山本派の参謀たちを抑え、残存艦艇の整然たる撤退に意を尽くし、実際にそれを見事にやってのけた。この件をきっかけに、宇垣と山本の間に「雪解け」が訪れる。42年秋頃から本格化した、ニューギニア東部・ガダルカナル島をめぐる戦いなどに関しては、山本が一対一で宇垣に親しく相談を持ちかけることなどもあったようだ。しかし、43年4月18日、山本はガダルカナル島と同じソロモン諸島に属するブーゲンビル島上空を軍用機に乗って移動中、米軍機に撃墜され戦死してしまう。一番機に続いた二番機に宇垣は乗っており、この二番機も撃墜されたが、宇垣は命だけは助かった。ここから宇垣の「死に場所探し」が始まる。終戦時、宇垣は第五航空艦隊の司令長官だった。艦隊といっても軍艦はない。鹿児島県鹿屋《かのや》の陸上基地に本拠を置き、ひたすら特攻隊を出撃させるための部隊だった。

45年8月15日正午の玉音放送を聞いた後、宇垣は部下に出撃を命令。すでに「終戦」となっているのに飛行機にみずから乗り込み、沖縄方面の米軍艦隊に特攻した。しかし、機は敵艦ではなく島に墜落。その遺体は階級章を外した軍服を着《つ》け、山本五十六の形見の短剣を持っていたという。（O）

言葉

「われもまた、いつかは彼ら若人の跡を追う」

特攻作戦を指揮している間、宇垣はみずからにそう言い聞かせていたという。

最初の"公式軍神"

陸軍大尉 西住小次郎

最新兵器「戦車」のアピールのため軍部から〝神〟とされた若き将校

にしずみ・こじろう●1914年、熊本生まれ。陸軍士官学校46期。当初は歩兵科に所属したが、新兵器・戦車の可能性を感じ取り、志願して戦車搭乗員となる。38年8月に上海派遣軍の一員として出征。39年5月、徐州会戦に戦車搭乗員として参加し戦死。

陸軍大尉・西住小次郎は日中戦争（支那事変）中の1938年5月に戦死した戦車搭乗員で、死後「軍神」と呼ばれた人物である。

それまでの日本軍にも、たとえば日露戦争の広瀬武夫海軍中佐のように「軍神」と呼ばれた人物はいたが、それはマスコミや生前を知る関係者などによる呼称であり、軍部が公式に「軍神」と認定した人物は、この西住が最初である。

西住は戦死時、24歳の中尉（死後大尉に特進）。本人には酷《こく》な言い方だが、それまで特筆すべき手柄があるわけではない。戦死の状況も、当時行われていた徐州《じょしゅう》会戦の最中に、偵察のため戦車を降りたところを敵兵に狙撃されるというもので、〝華々しく戦って散った〟というわけでもない。それでも彼が軍部から「軍神」との顕彰を受けたのは、当時の最新兵器である戦車の存在を、国民に広くアピールする目的があったからだといわれている。

実際、西住の戦死直後に戦意高揚のため彼の伝記小説を書いた作家の菊池寛は、「特にこれといったエピソードもない若者の話を書くのは難しかった」という趣旨のことを率直に吐露している。西住と生前交流があった人々も、「あまり記憶に残らない人だった」というコメントを多数残しており、よくも悪くも地味な人柄だったとされている。

ただし、西住はそれゆえに非常に真面目で正直な若者だったともされている。戦場での武勇伝などは滅多に語らなかったといわれており、また自由時間に同僚が遊んでいるなかで独り読書に打ち込むような人柄だったそうだ。尊敬する人物は吉田松陰。これはたしかに、国家が「軍神」として顕彰するに適した〝模範的青年〟だったとはいえるだろう。

前述の、菊池寛が書いた小説『西住戦車長伝』は1940年に上原謙の主演で映画にもなった。このほか、彼のことを取り上げる軍歌や、子供向けの伝記なども大量につくられた。西住が戦死したときに乗っていた八九式中戦車は靖国神社で展示され、多くの人がつめかけたとされている。こうして若き彼は死後「軍神」として、多くの国民の戦意を鼓舞していくのである。（O）

言葉

「お母さん、小次郎は満足してお先に参ります」

死の直前、西住は家族への感謝とともに「天皇陛下万歳」と言って死んだ。

第二章 尊皇

8月15日の反乱者

「あくまで本土決戦を目指す」皇居を攻撃した反乱将校の最期

畑中健二

陸軍少佐

はたなか・けんじ●1912年、京都生まれ。陸軍大学校卒。もともとは京都大学に進み、文学者になる夢を持っていた。20代から、皇国史観の立場に立った代表的歴史学者・平泉澄の影響を大きく受ける。陸軍省軍務局課員だった45年8月15日、本土決戦完遂のための反乱を起こし自決。

1945年8月15日の正午に流れた、天皇が肉声で終戦への決意を国民に語った「玉音放送」は、生放送ではなかった。事前にレコード盤に録音したものを8月15日の正午、ラジオ電波に乗せたのである。録音は8月14日の深夜から、15日の午前1時ごろにかけて行われたといわれる。つまりその時点で「終戦」は国の決定事項だったわけである。

しかし、その録音盤が放送されるまでには11時間の時間があった。その間に発生したのが、一部の陸軍部隊が皇居に乱入し、そこで保管されていた「録音盤」を奪取しようとした事件である（「宮《きゅう》城《じょう》事件」と呼ばれる）。「皇軍」と呼ばれ、また自称した日本陸軍は、その歴史の最終局面で何と皇居を攻撃したのである。玉音放送を阻止し、「本土決戦」に持ち込むというのが、決起・反乱部隊を率いた将校たちの考えだった。陸軍省軍務課員・陸軍少佐の畑中健二は、そのなかの一人だった。

本土決戦の思想

後世から歴史を振り返ってみれば、本土決戦などしたところで日本に万に一つの勝ち目もなかった。しかしながら45年8月時点で日本本土には、根こそぎ動員などをかけた結果、100万とも200万ともいう陸軍部隊が存在しており、一方的な負け戦《いくさ》にはならないと、陸軍の強硬派は主張していた。また日本軍内には「一撃講和論」というものが存在しており、つまり負けるにしても、何か連合国軍に一発手痛い打撃を与えてからでないと、不利な条件での講和になる、との考え方が横行していた。陸軍の顔役である阿南惟幾《あなみこれちか》陸軍大臣も梅津美治郎《うめづよしじろう》参謀総長も、最終局面まで本土決戦を主張しており、「本土決戦派」の意気は8月15日、その時になっても揺らいではいなかった。

しかしながら、「国内に存在する100万、200万の陸軍部隊」の内実は、全国からかき集められた中高年による、満足に配備する兵器もない集団だった。仮に本土決戦が行われていたとして、彼らがきちんとした戦力になったかどうかは極めて疑わしい。ただ陸軍には「員数《いんずう》主義」という不思議なものの考え方があって、これは「帳簿上の数字があっていれば、内実は不問にしてそのまま作戦を回していく」という、極めて「お役所的」な悪習だった。

部隊だけの話ではない。この頃、陸軍はいざ連合国軍が関東地方に上陸してきたら、千葉県の太

8月15日の玉音放送で国民は終戦を知ることになる
（写真／共同通信社）

平洋に面する九十九里浜に構築した強力な陣地で、これを水際で叩き潰すと豪語していた。実際の九十九里浜には、そのような陣地はほとんど存在していなかった。しかしこれも「員数主義」の悪弊《あくへい》に基《もと》き、上層部の圧力を伴った問い合わせに現場側が「陣地はある」と回答していった結果、いつの間にか陸軍全体で「九十九里浜陣地はある」ということになってしまった。「宮城事件」で皇居に乱入した部隊を率いた畑中以下の将校たちが、作戦の立案を司《つかさど》る参謀本部ではなく、陸軍の予算や人事編制などを担当する陸軍省の人間だったことは、この「員数主義」とからめて考察する価値のある問題である。

それはともあれ、この8月15日の反乱、「宮城事件」は起こってしまった。畑中以下、陸軍省軍務課員・椎崎《しいざき》二郎中佐ほか4名は、すでに13日、阿南陸軍大臣に面会してこの反乱計画について説明し、同意を迫っていた。阿南はこのときはっきりとした回答を避けた。しかし阿南は陸軍内でも最強硬の本土決戦派だと目《もく》されており、畑中たちは当然、阿南は同調したものだと受け取っていた。

15日午前零時頃、反乱将校らは皇居すぐそばの近衛第一師団司令部に出向き、森赳《たけし》師団長に反乱への参加を求めた。森はこの要請に否定的な態度を見せたため、畑中は拳銃で森に発砲。さらに畑中に同行していた航空士官学校の上原重太郎大尉が軍刀で斬りつけ、森は同席していた第二総軍参謀の白石通教《みちのり》中佐とともに殺害される。畑中らはすでに死んだ森の名で師団長命令をでっち上げ、近衛第一師団に所属する連隊を出動させる。この部隊でもって皇居内の録音盤を捜索。また同時に、当時内幸町《うちさいわいちょう》にあったＮＨＫにも部隊を派遣して占拠。あくまで玉音放送の実施を防ごうとした。

反乱の終わり

ただし皇居内での録音盤の捜索は難航を極め、反乱部隊はついにそれを見つけることができなかった。夜が明けると、東日本の防衛を司る東部軍管区が事態を把握してその収拾に動き出し、同軍管区の田中静壱《しずいち》司令官の指示によって、反乱将校らに動かされていた近衛師団部隊は動きを止める。反乱将校が頼みの綱としていた阿南陸軍大臣は、15日の朝が来るまでに割腹自殺していた。進退窮まった畑中は、同志の椎崎とともに午前11時、玉音放送の1時間前に皇居前で自決した。（Ｏ）

言葉

「松陰先生の後を追うべく自決して、武蔵の野辺に朽ち果てる」

畑中はそう言い遺《のこ》し、反乱の失敗後、皇居前で自決した。

決起した「やるやる中尉」

栗原安秀

陸軍中尉

「やると言ったらやる！」2月26日に響いた決意の叫び

くりはら・やすひで●1908年、島根生まれ。29年、陸軍士官学校卒。職業軍人となってから、クーデター志向を持った、いわゆる「皇道派」軍人たちに強い影響を受ける。二・二六事件を中尉として現場で主導。事件の責任を問われ、同年7月、銃殺刑に処せられる。

日本を戦争の道に進めていった契機とされる二・二六事件（1936）。青年将校たちによって9人が殺害されたテロ事件だ。殺害されたのは政府要人が4人（高橋是清以外は軍人）で、警察官が5人だった。このテロを起こした血気盛んな青年将校の代表として語られるのが、栗原安秀中尉である。

10代の頃から議論が好きだった栗原安秀。天下国家を論じることを好んでいた彼が、陸軍士官学校に進み、軍人の道を選んだのは当然のことだった。栗原は職業軍人となってから、いわゆる「皇道派」軍人を先輩として仰ぐことになる。

二・二六事件は、軍内部における「皇道派」と「統制派」の派閥対立が大きな原因といわれている。「天皇親政」を求める過激な「皇道派」と、大日本帝国憲法に則した「立憲君主制」を保持しようとした「統制派」の対立が、二・二六事件を招いた。

栗原は「皇道派」将校として、二・二六の実行犯となった。栗原のグループは岡田啓介首相を殺害する。だがそれは岡田首相ではなく、義弟の松尾伝蔵《でんぞう》予備役大佐だった。容姿が似ていたため、人違いをしてしまったのだ。だが、その事実に栗原は気づかなかった。

栗原は「俺はやる、必ずやる」というのが口癖で、「やるやる中尉」と呼ばれていた。実際、行動に移したのは確かだが、その結果は芳《かんば》しいものではなかった。

二・二六の際、下士官兵に対し渡された檄文《げきぶん》では「尊王討奸《そんのうとうかん》の義軍は如何《いか》なる大軍も兵器も恐れるものではない」という煽動の言葉と同時に、「至誠は天聴に達す（われらの思いは天皇が理解してくれる）」と強気に断じていた。しかし、結果はまったく逆になった。昭和天皇はクーデター未遂に対し、激怒したのである。天皇の意を受け、栗原をはじめクーデター兵士たちは次々と投降することになった。軍法会議を経た1936年7月、栗原は銃殺刑に処せられた。27歳だった。

ちなみに女流歌人の齋藤史《さいとうふみ》（1909～2002年）は、父親（齋藤瀏《りゅう》）が軍人だった縁で、栗原安秀とは幼なじみだった。齋藤の作品は、晩年に至るまで「命」がテーマになっているものが少なくない。幼なじみの青年が大事件を起こし処刑された経験は、齋藤の創作に少なからぬ影響を与えた。（K）

言葉

「大君《おおぎみ》に御國思ひて斃《たお》れける　若き男乃子《おのこ》の心捧げん」

国のことを思い、日本男児として命がけで天皇に心を捧げる……という意味。辞世の句。

「二・二六」を主導した元軍人

尊皇と愛国の間を揺れ動いた「元軍人」としてのクーデター

陸軍大尉 磯部浅一

いそべ・あさいち●1905年、山口生まれ。25年、陸軍士官学校卒。29年に中尉、33年に陸軍一等主計（大尉）。思想家・北一輝の影響のもと、34年にクーデター未遂を起こし、翌年に免官。36年、民間人として二・二六事件に参加し、37年に銃殺刑。享年32。

磯部浅一と栗原安秀は、1936年の二・二六事件において主導的な役割を果たした。

二・二六当時、現役軍人だった栗原安秀の直情径行ぶりは有名だが、磯部は前年に軍隊をクビになっていたため、栗原以上に失うものは何もなかった。

磯部が現役でなかった分、思想的な純化がはかられたと評価する人も少なくない。70年に割腹自殺した作家・三島由紀夫も、磯部が獄中で記した文章を高く評価し、「道義的革命の論理　磯部一等主計の遺書について」（1967年）という一文をものしている。

磯部が軍をクビになった契機は、「粛軍に関する意見書」を配布したことだった。これは村中孝次大尉（二・二六事件後、磯部同様に銃殺刑）とともに書き上げたアジテーションで、「皇道派」青年将校による「統制派」および統制派と結びついた政府への批判だった。統制派としては、これを放置しておくわけにはいかず、磯部や村中を処分することになった。

35年、磯部と村中は免官処分となる。彼らは、軍人という肩書を失った。

しかし、統制派のこの処分は逆効果だった。36年、「二・二六事件」というさらに過激なテロリズム・クーデター事件へとつながっていったのである。

背景には、財界と政治家が癒着し、富と利権を独占している現状、世界恐慌（1929）から続く経済不況の影響による底辺民衆の貧困があった。青年将校たちの怒りは統制派主導の軍に対して向けられ、磯部らの「昭和維新」である二・二六事件は決行された。

「奸賊を誅滅《ちゅうめつ》して大義を正し国体の擁護開顕に肝脳を竭《つく》す」と「尊皇討奸《そんのうとうかん》」を訴え決起した磯部。しかし、統制派の牙城を崩すことはできなかった。二・二六クーデターは、4日ほどで未遂に終わることとなる。磯部をはじめとした青年たちは、続々と投降。全員が身柄を確保され、軍法会議にかけられることになった。逮捕された磯部は獄中で「日本という大馬鹿な国がいやになる」と記している。また、昭和天皇に対してまで、「何という御失政でありますか」と批判の矢を放っていた。

軍法会議の処断が確定した37年、磯部は銃殺刑に処せられる。32歳だった。

（K）

言葉

「天皇陛下、何という御失政でありますか。何というザマです」

磯部は二・二六決起失敗によって逮捕された獄中で、昭和天皇に対しても、八つ当たりに近い狂気じみた批判をした。

皇道派の黒幕と目された男

教え子たちの信頼を得て「二・二六」決起をバックアップ

真崎甚三郎

陸軍大将

まさき・じんざぶろう●1876年、佐賀生まれ。97年に陸軍士官学校卒。1904～05年、日露戦争に出征。07年、陸大卒。陸士校長、台湾軍司令官などを経て、33年に大将。36年、二・二六事件に関わったとして拘留されたが翌年の軍法会議で無罪。56年、79歳で死去。

二・二六事件は皇道派と統制派の対立が背景にあったが、皇道派の黒幕と目されていたのが真崎甚三郎だった。

真崎が陸軍士官学校の校長をつとめていた時代に、生徒として学んでいたのが磯部浅一、安藤輝三らだった。後に二・二六事件を起こす主要な人物たちは、真崎の教育を受けていたのだ。

二・二六事件は天皇の周囲から「奸物《かんぶつ》」を引き離して親政を確立することが目的であったが、真崎に対する天皇の評価は芳しいものではなかった。1931年の満州事変で関東軍がスタンドプレイを続けている状態に不満を持っていた天皇は、参謀本部にいた真崎を叱責することもあったという。34年、真崎が教育総監をつとめていたとき、統制派からは辞任を求める声が上がった。しかし真崎は頑《かたく》なに辞任を拒否する。天皇は真崎のこうした態度について「非常識だ」と憤慨したとされる。結果、真崎は教育総監を更迭《こうてつ》されることになった。

36年の二・二六事件の際、真崎は反乱軍が占拠している陸相官邸に行き、決起した磯部らと面会する。そのとき「お前たちの心はよくわかっている」と理解を示した。皇道派の青年将校たちはクーデター成功後に真崎を担ぎ上げる計画だった。しかし、本人はそのことを具体的に知っていたわけではなかった。

真崎は落とし所をさがして天皇を訪れ、詔勅《しょうちょく》によって沈静化をはかろうとした。しかし、天皇はまったく取り合わなかったという。皇道派の目論見《もくろみ》を、天皇は見透かしていたのである。二・二六事件では青年将校、民間人合わせて18人が死刑に処せられることになった。しかし、黒幕と目されていた真崎には無罪判決が下された。

真崎は戦後も、戦争責任を問われて占領軍に収監されたが、東京裁判（極東国際軍事裁判）では不起訴処分・釈放となった。56年に79歳で死去。巣鴨プリズンに収監されていた時の日記では、当時の皇太子（今上天皇）に対して以下のように意見を述べている。「父君陛下の如く奸臣に欺《あざむ》かれ、国家を亡ぼすことなく力強き新日本を建設せられんことを祈る」。

（K）

言葉

「お前たちの心はよくわかっとる、よーくわかっとる」

二・二六事件を起こした磯部浅一らに面会したとき、こう言ったとされる。

皇道派の怒りの犠牲に

陸軍きっての「理論家」として頭角
皇道派に惨殺された統制派のエース

永田鉄山
陸軍中将

ながた・てつざん●1884年、長野生まれ。1900年、陸軍士官学校卒。11年、陸軍大学校卒。ドイツ、デンマーク、スウェーデン、スイス駐在を経て、32年に少将。34年に軍務局長。翌35年、皇道派の青年将校・相沢三郎中佐に斬殺される。死後、中将に特進。

永田鉄山はいわゆる「統制派」と目されるグループのエリートだった。陸軍士官学校を首席、陸軍大学校も次席で卒業し、将来を嘱望されドイツやデンマークなど海外駐在経験も多かった。20代の頃は、一期後輩の東條英機と陸軍改革などについて勉強会を開いていた。

永田は「軍政」に関して強い興味を持っていた。そこには、ドイツの軍人政治家・ルーデンドルフの影響があった。ルーデンドルフは第一次大戦後にヒトラーと共闘関係を結び、ファシズム体制確立のためにクーデター未遂事件（ミュンヘン一揆。１９２３年）を起こしたことで知られ、その思想は１９３５年の著作『総力戦』でまとめられている。ルーデンドルフは、国民すべてを巻き込み、経済封鎖や情報戦など、軍事と政治を一体化させ、文字通り「総力」をかけた戦いが必要だと説いた。ルーデンドルフの言説に共感した永田は『国防の本義と其強化の提唱』（１９３４年）という冊子の配布に踏み切る。「陸軍パンフレット」と呼ばれたこの冊子は、60万部が刷られた。東京帝大に派遣され学んでいた軍人・池田純久《すみひさ》少佐、四方諒二《しかたりょうじ》少佐らによって作成された論文である。その内容は、すべては軍政によって統御されるべきだという国家社会主義的な思想で組み立てられていた。

皇道派および青年将校たちは、理論家・永田鉄山の存在を疎《うと》ましく思うようになる。また、皇道派の真崎甚三郎教育総監が更迭されたことにも、大きな不満を持った。統制派は天皇の統帥権《とうすい》を干《かん》犯《ぱん》しているものではないかという考えが、青年将校の間で膨れ上がっていった。

そうした青年将校たちの考えを代弁するように、35年7月、皇道派の相沢中佐（永田より5歳年下）は、永田に辞職を迫る。しかし、それでも事態が好転しないことに苛立ちを募《つの》らせた相沢は、翌月、永田の軍務局長室に押しかけ、刺殺テロに及んだ。これは翌36年の青年将校による武装蜂起、二・二六事件につながっていく。だが二・二六は昭和天皇の怒りを買い、失敗に終わる。

青年将校が影響を受けたという北一輝《きたいっき》の思想は、実は永田鉄山の思想と共通点が多い。二・二六事件に至るまでの青年将校を美化する傾向は強いが、純粋な思想闘争ではなかったことがうかがえる。感情的な派閥争いの側面が強かった。

（K）

言葉

「進歩の程度が理解できず、青竜刀的頭脳がまだ残っている」

皇道派の暴走に対し、エリート軍人官僚らしい批判的な言説を述べた。

後世に語られる青年将校像

「昭和維新」「尊王討奸」への共感と政治家と軍人「癒着」への怒り

安藤輝三

陸軍大尉

あんどう・てるぞう●1905年、岐阜生まれ。26年、陸軍士官学校卒。29年に中尉、34年に大尉。35年、歩兵第三連隊第六中隊長となり、翌年、部下を率いて二・二六事件に参加。鈴木貫太郎襲撃後、山王ホテルに籠城。逮捕され首魁として死刑判決。享年31。

後年に語られる二・二六事件における純粋で正義感に満ちた青年将校のイメージは、この安藤輝三によってつくられた。栗原安秀が直情径行型だったのに対し、冷静にして寡黙でありながらも、どこか熱き血潮をたぎらせているキャラクターが安藤だった。

陸軍士官学校時代に、二・二六事件の黒幕ともいわれる皇道派・真崎甚三郎の教えを受けた。真崎という人物の評価は、今も毀誉褒貶《きよほうへん》相半ばしている。昭和天皇が真崎という人物をあまり高く評価していなかったことも伝えられているが、若き安藤にとっては、軍のイロハを教えてもらった「恩師」だった。安藤と同時期に真崎から教えを受けた磯部浅一も、二・二六事件の中心人物となる。

安藤は二・二六の決起に、あまり乗り気ではなかった。当時、現役の中隊長だった安藤は、すでに軍をクビになっていた磯部とは立場の違いがあった。クーデターではなく合法的な方法はないかと安藤は思っていた。だが、世界恐慌後の経済的な疲弊や、政治家と軍人の癒着による腐敗堕落に対しての怒りと、「昭和維新」「尊皇討奸《そんのうとうかん》」という考え方への共感が、安藤を行動に踏み切らせた。

2月26日、安藤は部下を引き連れ、鈴木貫太郎を襲撃した。鈴木貫太郎は海軍出身で、当時は侍従長、枢密顧問官をつとめていた。鈴木は安藤の部下が撃った3発の銃弾を浴び、倒れた。虫の息状態となった鈴木に、とどめを刺すべく安藤が歩み寄ると、鈴木の妻が「待ってください」と声を上げた。そして「もう老人なので許してください。もし必要なら、私がやります」と安藤を強く静止した。安藤は鈴木の妻に対し「我々は鈴木閣下に対しては何の恨みもありません。しかし、国家改造のためにやむを得ずこうした行動をとったのであります。私はこの度のことが片付いたら、自決するつもりであります」と言い、とどめを刺さずにその場を去った。鈴木は一命をとりとめ、のちに15年戦争終結の立役者となった。

二・二六の兵士たちが続々と投降するなか、安藤の部隊は山王ホテルにたてこもった。磯部浅一の説得にも応じなかった。そして安藤はピストル自殺をはかる。一命をとりとめたものの、安藤は軍法会議によって死刑判決を受け、36年7月に銃殺刑に処された。31歳だった。

（K）

言葉

「閣下に対しては何の恨みもありませんが、国家改造のためにやむを得ずこうした行動をとったのであります」

鈴木貫太郎を襲撃した際に語ったとされる。

空転した熱血漢の静かな晩年

徹底抗戦を叫びクーデター決起
闘争心と狂気の間にあるもの

小園安名

海軍大佐

こぞの・やすな●1902年、鹿児島生まれ。23年、海軍兵学校卒。36年に少佐、41年に中佐、44年に大佐。厚木航空隊の司令であった45年、ポツダム宣言受諾後に、クーデター未遂で、無期禁錮の判決。50年に出所後、60年に58歳で死去。

戦後、作家の坂口安吾は『続・堕落論』（1947年）のなかで、こう記している。「たえがたきを忍び、忍びがたきを忍んで、朕《ちん》の命令に服してくれという。すると国民は泣いて、外ならぬ陛下の命令だから、忍びがたいけれども忍んで負けよう、と言う。嘘をつけ！ 嘘をつけ！ 嘘をつけ！ 我等国民は戦争をやめたくて仕方がなかったのではないか。竹槍をしごいて戦車に立ちむかい、土人形の如くにバタバタ死ぬのが厭《いや》でたまらなかったのではないか。戦争の終ることを最も切に欲していた。そのくせ、それが言えないのだ。そして大義名分と云い、又、天皇の命令という。忍びがたきを忍ぶという。何というカラクリだろう。惨《みじ》めとも又なさけない歴史的大欺瞞《ぎまん》ではないか」。

しかし、こうした国民の本音とは乖離《かいり》したところに、多くの軍人たちがいた。意地でも敗北を認めたくない軍人は、玉音放送があったにもかかわらず「徹底抗戦」を叫ぶ。厚木航空隊指令・小園安名大佐もその一人だった。小園はビラをまき、兵士や国民を扇動した。決起を呼びかけたのである。「国民諸子に告ぐ」というビラの一部を引用しよう。

「赤魔の巧妙なる謀略に翻弄され、必勝の信念を失いたる重臣閣僚どもが、上聖明を覆い奉り、下国民を欺瞞愚弄し、ついに千古未曾有の詔勅を拝するに至れり、恐懼極まりなし　日本の天皇は絶対の御方なり、絶対に降伏なし、天皇の軍人には降伏なし　我等航空隊の者は絶対に必勝の確信あり、外国の軍隊の神州に進駐し、ポツダム宣言を履行するときは、戦争継続するより何百何千倍の苦痛を受くること、火を見るより明白なり、今や大逆無道の重臣共は皇軍により禊祓《みそぎはらい》されつつあり斯くして国内必勝の態勢は、確実に整備さるべし、今こそ一億総決起のときなり」

しかし、これに同意する者はほとんどいなかった。小園は高熱を発し、錯乱状態に陥る。軍中枢は小園を説得するため、高松宮にまで声をかけた。高松宮は「信用できないなら天皇に直接会えるよう取り計らってもいい」とまで言っていたという。小園は強制連行され、軍法会議にかけられる。判決は無期禁錮刑。獄中で平常心を取り戻し、1950年に仮出所する。そして郷里・鹿児島で農業をしながら静かに過ごし、60年、58歳で世を去った。（K）

言葉

「降伏の勅命《ちょくめい》は、真の勅命ではない」

何としても負けを認めたくない思いが、天皇の勅命さえも否定するに至った。

「五・一五」の実行者

犬養毅首相を暗殺し その後の「軍部テロ」の土壌つくる

三上卓

海軍中尉

みかみ・たく●1905年、佐賀生まれ。海軍兵学校54期。1932年に五・一五事件を起こし服役。38年に仮釈放。その後も政治活動を続け、戦後のクーデーター未遂事件「三無事件」にも関与した。戦後の民族派右翼・野村秋介は弟子。71年に死去。

三上卓は1905年、佐賀県に生まれる。少年時代から社会や政治の問題に関心が深く、軍人の道を志したのもそのせいだったらしい。そんな三上の思想的同志だった人物が、同じ海軍将校の藤井斉《ひとし》である。藤井はすでに海軍内に「王師会」という社会改革を考える政治グループをつくっていて、民間右翼とも交流。三上も藤井の王師会に加入し、その流れに加わった。

三上が20代の青年将校として多感な時期を過ごしていた頃、日本では政党による議会政治が成熟しつつある一方、汚職などの〝政治腐敗〟の進行も声高に叫ばれていた。そして浜口《はまぐち》雄幸《おさち》首相の暗殺事件（31年）や、民間右翼「血盟団」による政財界の要人暗殺事件（32年）などが頻発。三上は当然のように、そうした時代の流れに影響を受けていく。

32年5月15日、海軍軍人を中心とした三上ほか8人の「暗殺部隊」が、タクシー2台に分乗して

言葉

「威大なる建設の前には徹底的な破壊を要す」

五・一五事件決行の朝、三上は檄文にそう記した。

首相官邸に乱入。警備の警官に発砲しながら官邸内を捜索し、犬養毅首相を見つけ出した。「靴くらい脱いだらどうだ。話せばわかる」。犬養の言葉に、三上が拳銃を持った手を下ろしかけたとき、その部屋に三上の同志・黒岩勇が遅れて入ってきて、犬養の前に進み出た。それに弾かれたように、もう一人の同志・山岸宏が叫んだ。「問答無用、撃て！」。犬養は数発の銃弾を受けて、76歳の生涯を閉じた（ちなみに三上らは事件後すぐに自首）。

現役の海軍軍人が首相を暗殺するというニュースに、世間は騒然となった。軍法会議は三上らを、最高刑を死刑とする重罪・反乱罪で起訴したが、これに全国から減刑嘆願が殺到。みずからの指を切断して送ってきたり、「死刑にするなら僕を身代わりに」という小学生の手紙が届いたりというありさまだった。それほど、この時期における民衆の政治への不満は強かったのだ。

軍法会議は三上以下の実行犯を誰も死刑にせず、懲役刑を課した後も、驚くほどの短期間で仮釈放を認めた。この大甘な処置は軍人たちの間に「国家のためのテロならば大した罪に問われない」という認識を生み、のちに起こる大規模クーデター事件、二・二六事件（36年）発生の土壌になったともいわれている。（O）

第三章　戦犯

独裁者になれなかった戦時宰相

強力な「戦争国家」を目指しつつ挫折した開戦時の軍人宰相

東條英機

陸軍大将

とうじょう・ひでき●1884年、東京生まれ。陸軍士官学校17期、陸軍大学校卒。陸軍統制派の雄として知られ、関東軍参謀長、陸軍次官などを歴任。1940年、近衛内閣の陸軍大臣に。41年、首相に就任。44年に退陣し、終戦後A級戦犯として東京裁判で起訴。48年絞首刑に。

対米戦、開戦時の総理大臣・東條英機陸軍大将について、「悪の独裁者」といったイメージを抱いている人は少なくないのではないか。実際、戦後の日本において長く、東條は「戦前の日本の悪の象徴」のように語られてきた事実がある。

アメリカが戦後に行った東京裁判は、まさにその歴史観で日本の戦犯を裁いた法廷だった。連合国側は「共同謀議」という概念を持ち出し、ヒトラーがナチ党や親衛隊といった組織を活用しながら独裁権力を樹立して世界戦争を企てていたのと同じ構図に、東條と日本陸軍、また政官界の国家主義勢力を当てはめようとした。まさに東條を「日本のヒトラー」になぞらえたのである。

しかし、東條と同じくA級戦犯として東京裁判の場に引き出された、開戦時の大蔵大臣・賀屋《かや》興《おき》宣《のり》はこのように語っている。

「軍部は突っ走ると言い、政治家は困ると言い、北だ南だと国内はガタガタで、ろくに計画もできずに戦争になってしまった。それを共同謀議などとは、お恥ずかしいくらいだ」

事実として、東條はヒトラーではなかった。

近衛文麿の後始末

日米の関係を戦争にまで追いやった第一の「戦犯」は、むしろ東條の前に首相をつとめた近衛《このえ》文《ふみ》麿《まろ》だったといわざるを得ない。近衛は中国大陸で始まった蔣介石との戦争を統御することができず、軍部の独断専行のままずるずると戦線を拡大させてしまう愚を犯す。そのため日本を取り巻く国際環境を悪化させ、また外務大臣・松岡洋右《ようすけ》の暴走を許し、その場の勢いのような形で国際連盟から脱退。国際社会の中で日本を孤立化させてしまい、その流れで日米関係の悪化も招いたのである。

昭和天皇は対米戦争の回避を強く望んでいた。外交の行き詰まりを前に政権を投げ出した近衛に代わって東條を首相の座に就《つ》けたのは、天皇の意を受けた宮廷官僚だったとされる。東條は陸軍の重鎮で対外強硬派でもあったが、天皇に対する忠誠心が強い人物としても知られていた。強硬な陸軍をうまく押さえながら、天皇の意を尊重して和平に邁進《まいしん》してくれるだろうと期待されたのである。

実際、東條は首相になってから、かなりの努力を傾けて戦争回避のために動いている。その姿は決

1940年7月、第2次近衛文麿内閣で陸相をつとめた東條英機（2列目左から2番目）。前列が近衛首相。2列目右が松岡洋右外相（写真／共同通信社）

して「独裁者」ではなく、いわば「近衛の後始末係」であった。

独裁者になれず退陣

ただ東條は、やむにやまれぬ形で日米開戦となってしまった後は、むしろ「聖戦完遂」に向けて強力な戦争指導体制の構築を考えるようになる。

特に問題になったのが、1944年2月に強行した陸軍参謀総長の兼任だった。東條はもともと陸軍の軍政を司る陸軍大臣を兼任していたが、より強力な戦争指導体制をつくるために、作戦部門を統括する参謀総長の職をも兼任したのである。しかし軍事作戦の立案・運用は、天皇に直属する「統帥権《とうすい》」という特別な権利とされ、政治家はこれに介入できないものとされていた。それを首相、陸軍大臣という政治畑の役職者が兼務するというのは、いかに東條が陸軍軍人だったとしても、許されないものと考えられていた。

これに限らず東條は、戦局が悪化するにつれて強力な戦争指導体制をつくろうと強権的にふるまうようになっていった。政界周辺では反東條の機運が高まり、複数の暗殺計画さえ立てられる。そして遂に44年7月、太平洋の要衝《ようしょう》サイパン島陥落の責任を取る形で、東條内閣は総辞職に追い込まれる。これはやはり「独裁政権」の最後ではない。

このように、東條がヒトラーやムッソリーニ型の独裁者かといわれればかなり怪しい。ただ、政権終盤の強権的姿勢は多くの敵をつくり、彼の後世の評判に大きな傷をつけた。たとえば東條は、自分への反対論者のところへ憲兵隊を派遣して恫喝《どうかつ》させたり、気に入らない人間をピンポイントで徴兵して激戦地に送り込むようなこともやっており、これは到底弁護できることではない。

東條は陸軍内では基本的に優秀な軍官僚だとされ、「カミソリ東條」というニックネームさえ持っていた。しかしヒトラーやムッソリーニ、スターリン、チャーチル、ルーズベルトといった、ナタのごとく豪腕な国家指導者がひしめいた当時の国際社会にあって、「カミソリ」で戦うにはあまりに線が細すぎた。

ちなみに「生きて虜囚の辱《はずかし》めを受けず」の文句で有名な『戦陣訓』は、東條が近衛内閣の陸軍大臣だった41年1月に発表したものである。その彼自身が、戦後GHQに逮捕され、A級戦犯として死刑になったことについての批判もあった。（O）

言葉

「ヒトラーは兵卒出身。私は大将です」

東條がその権力集中をナチスになぞらえて批判されたとき言った言葉。

緒戦の英雄
「マレーの虎」

「マレー上陸作戦」の電撃的勝利と悪夢の「フィリピン防衛戦」

山下奉文

陸軍大将

やました・ともゆき●1885年、高知生まれ。陸軍大学校卒業後、スイス、ドイツに留学。帰国後陸軍省に入省するが、二・二六事件後に外地へ左遷。41年、南方軍第二十五軍司令官としてマレー攻略作戦で大戦果をあげる。46年、マニラ軍事裁判で有罪、絞首刑に処せられる。

1941年12月8日早朝、マレー半島の要衝《ようしょう》・コタバルの漁港トンパットに侘美《たくみ》浩《ひろし》少将率いる船艇3隻が停泊、約5500の兵が上陸を開始する。陸軍第二十五軍によるマレー上陸作戦である。このとき、連合艦隊機動部隊によるハワイ奇襲作戦はまだ始まっていなかった。真珠湾攻撃の開始はこれより1時間50分後のことである。

太平洋戦争開戦の発端は、このコタバル上陸作戦によって幕を落としたのであった。

陸軍第二十五軍司令官として指揮をとったのは陸軍大将・山下奉文《ともゆき》であった。

同軍麾下《きか》の侘美支隊は英軍の猛反撃を受けつつもコタバル市街に突入、シンゴラの航空基地を占領し制空権を奪取。同軍は3個師団、火砲440門、戦車・装甲車120両、航空機600機であったが、実質的にはイギリスより少数の戦力しか有していなかった。しかしながら無謀といわれた戦車部隊の夜襲の成功、自転車を使った歩兵部隊、いわゆる「銀輪部隊」の活躍など、画期的な戦術で続々と戦果をあげ、マレー半島全土へその勢力を拡大していった。

「勝った勝った、また勝った」

大衆は緒戦の電撃的勝利に酔いしれた。この活躍で山下は「マレーの虎」と呼ばれることになる。

「イエスかノーか！」

マレー半島を猛烈な勢いで南下した第二十五軍は、半島南端のジョホールバルに到達すると、シンガポールを死守せんとする英軍と激烈な戦闘をくりひろげる。ついにシンガポールを陥落させたのは42年2月15日のことであった。

白旗を掲げ現れた英軍司令官・パーシバル中将に対し、山下は開口一番聞いたという。

「簡単にお答え願いたい。英軍の無条件降伏を要求する」

なんとか回答を引き延ばそうとする英軍司令官を前に、山下はテーブルを叩き語気を荒げた。

「イエスかノーか！」

パーシバルは震え上がり、おぼつかぬ口調で「イエス……」と答えたのだった——。

この〝イエスかノーか〟の逸話は本土に打電され、たちまち常勝日本の象徴として流行語となった。しかし一説には山下の態度は常に紳士的であり、通訳のもどかしさに明答を急《せ》かしただけだったともいわれている。

シンガポール降伏交渉。
山下・パーシバル会見（写真／毎日新聞社）

無念のレイテ島決戦

山下奉文は1885年、高知県大杉村の村医の子として生まれた。陸軍幼年学校から陸軍士官学校、陸軍大学校に進み外国武官を経て、陸軍省軍事調査部に配属。二・二六事件後、皇道派に属していた山下は冷遇され（特に東条英機とは仲が悪かったといわれる）、朝鮮半島の元山歩兵旅団長、関東軍東部司令官など傍系の任を転々としたのち、ノモンハン事件での失策の責《せき》を負って大阪第四師団長に転出させられる。

41年、南方軍第二十五軍司令官に返り咲くとマレー半島で前述の大戦果を残すが、軍政の中核にあった東条英機の信は得られず、その後再び関東軍へ戻されてしまう。だが軍部内では山下への信望が厚く、結果、再び第一線へ復帰するのは戦局がもはや総崩れにあった44年、フィリピン守備の第十四方面軍司令官としてだった。

このとき大本営は、南方軍総力をもってレイテ島決戦に臨む方針であったという。しかし山下はこれに強硬に反対した。今や兵団を輸送する船はなく、護衛の航空部隊もない戦力では明らかに勝機はなかった。それ以上に彼が第十四方面軍に着任したのは、レイテ島決戦までわずか2カ月の時期。あまりに時間が足りなかった。しかし南方軍総司令官・寺内寿一《ひさいち》は作戦を変えず、山下の第十四軍も米軍の圧倒的戦力になす術なく散っていった。

転進を余儀なくされた山下はルソン島山岳地帯に司令部を移すと、全軍に「自活自戦、永久抗戦」を指示する。兵にとっては悪夢のフィリピン防衛戦がここから展開された。

死屍《しし》累々《るいるい》、戦死者数は約50万ともいわれるが、山下は死なず、米軍に投降すると降伏文書に調印した。マニラ軍事法廷では100件を超える残虐行為の罪を問われた。証言台に立った山下は、捏造《ねつぞう》も混じっていると思われる数々の罪状を前に、毅然《きぜん》としてこう言った。

「私は知らなかった。だが、私に責任がないとは言わない」

かくて彼は絞首台の階段を上る。山下奉文にとってその死は、戦地に散った何十万もの英霊に対するせめてもの償《つぐな》いであったのだろう。（F）

言葉

「私は知らなかった。だが私に責任がないとは言わない」

マニラ軍事法廷で山下奉文はあえて罪状を肯定した。

「南京事件」当時の司令官

松井石根

陸軍大将

議論の絶えない「南京事件」現場司令官は何を見たのか

まつい・いわね●1878年、愛知生まれ。97年、陸軍士官学校卒。日露戦争に出征。帰還後、1906年に陸軍大学校を卒業する。33年に大将。37年、中支那方面軍司令官時に、いわゆる南京事件が発生した。48年、70歳の時に戦犯として絞首刑に処せられる。

現在の日中関係を悪化させている大きな原因のひとつに、歴史認識の相違がある。1937年の「南京事件」は、とりわけ見解が食い違っている。日本軍が南京を攻略した際に、中国人捕虜や一般市民を虐殺したとされるのが南京事件（南京大虐殺）だが、中国側の公式見解では、その犠牲者数は30万人となっている。しかし、この数字をそのまま受け入れている日本側の研究者は多くない。犠牲者2000人から20万人という幅広い説がある一方、事件自体がなかったとする研究者さえいる。事件がなかったという主張の背景には、虐殺ではなく、通常の戦闘行為の範囲であるという解釈がある。

戦後、この南京事件当時の司令官として、東京裁判で責任追及をされたのが、松井石根だ。東京裁判で罪を問われた松井だったが、もともと親中派だった。孫文の独立運動を応援し、のちに敵対する蔣介石とも知己だった。38年に復員してからは、日中戦争の犠牲者を弔うため、熱海に興亜観音菩薩像を建てる。こうした取り組みに、南京事件の忌まわしい記憶が影響していた可能性は否定できない。南京では、民間人と区別がつかない便衣隊《べんいたい》（ゲリラ兵）の存在が、日本軍を苦しめた。そうしたなかで、南京における虐殺事件が起きたともいわれている。東京裁判前に、松井が記したメモには「軍民の別を明らかにすること難く、自然、一般良民に累《るい》を及ぼすもの少からざりしを認む」と書かれている。ここから推測するに、南京事件における日本軍最前線の〝実態〟を彼自身も知っていた可能性は高い。

南京事件の後、東條英機が中心になって41年につくられた『戦陣訓』には、「皇軍の本義に鑑《かんが》み、仁恕の心能く無辜《むこ》の住民を愛護すべし」と記されている。わざわざ大日本帝国軍人を戒《いまし》めたこの一文の背景に、南京事件をはじめとした中国戦線における日本軍の暴走があったとみることは自然だろう。戦勝国が敗戦国を裁くというアンフェアな東京裁判ではあったが、松井は事件当時の責任者として潔《いさぎよ》く死刑判決を受け入れた。

松井が巣鴨プリズンで絞首刑に処せられたのは、48年12月23日のことだった。（K）

言葉

「南京事件ではお恥ずかしい限りです」

戦後、東京裁判で戦犯として罪に問われた後、教誨師《きょうかいし》・花山信勝に語った言葉。

対米開戦に反対した陸軍官僚

東條との蜜月・決裂を経てA級戦犯として処刑された官僚

武藤 章

陸軍中将

むとう・あきら●1892年、熊本生まれ。陸軍大学校卒。参謀本部や陸軍省などでキャリアを積む。対米開戦反対派だったが、中国方面には積極的な進出論者だった。1939年、軍務局長。42年、近衛師団長。44年、第十四方面軍参謀長。48年、A級戦犯として死刑。

終戦後の東京裁判でA級戦犯として裁かれ、死刑になった陸軍中将・武藤章の書いた『比島から巣鴨まで』という本がある。戦犯として東京の巣鴨プリズンに収容されていたときに書いた獄中手記で、厳しい言い方をしてしまえば「自己弁護の書」だが、これがある意味において非常に驚かされる書物なのだ。この本は武藤の自伝のような体裁をとるものだが、彼自身がやってきた様々な仕事について、非常に精密な記述がなされている。繰り返すが、これは武藤が獄中で書いた本である。つまりその執筆時、武藤の周囲に「参考文献」のようなものはほとんどなかった。彼はこの詳細な自伝を、ほとんど記憶力のみに頼って書いたことになる。武藤は日米開戦時、陸軍の予算や人員管理を司る軍務局長の要職にあった人物で、A級戦犯とされた原因もそれだが、このエリート軍官僚の頭脳明晰さは、『比島から巣鴨まで』が証明してあまりある。

言葉

「絞首刑になったら田中にとりついて狂い死にさせてやる」

武藤処刑後、田中隆吉は精神不安定になり自殺未遂さえ起こす。

武藤は陸軍内では珍しかった対米開戦反対派で、これは昭和天皇から「戦争回避に全力を尽くすように」と言われて首相の座についた東條英機の方針とも合致した。結局1941年12月8日に対米戦は始まってしまうが、この開戦前後において、東條・武藤のタッグは陸軍省を席巻《せっけん》していたともいわれている。しかし、開戦したからには戦争をどこまでもやり抜かねばならないと考えた東條と、真珠湾奇襲に成功し、南方の資源地帯も確保した状況下で、早急に米英との和平交渉に移るべしと主張した武藤は決裂。東條は武藤を南方の実戦部隊に左遷する。終戦時、武藤はフィリピンの第十四方面軍参謀長だった。

そんな武藤が終戦後の東京裁判で、「平和に対する罪」のA級戦犯として起訴されたことには、驚きの声もあったらしい。連合国側からの起訴理由には「フィリピンでの捕虜虐待」もあったが、これもほとんど事実無根だったとされる。しかし、連合国側の証人として出廷した元陸軍少将・田中隆吉の「武藤は軍を掌握し対米開戦を強行した」との証言がある種の決め手となり、武藤は死刑判決を下される。判決後、東條は獄中で「巻き添えにしてすまない。君が死刑になるとは思わなかった」と、武藤に謝罪したという。（O）

関東軍の中国侵略を主導

日本・満州・支那による「東亜連盟」は覇権的手法で幻に

板垣征四郎

陸軍大将

いたがき・せいしろう●1885年、岩手生まれ。陸軍士官学校卒。中尉となった後、25年に陸軍大学校卒。関東軍参謀、参謀長を経て、36年に陸軍大臣。41年に大将に昇進。46年、A級戦犯として東京裁判にかけられ死刑判決。48年に絞首刑。享年62。

1931年、満州の柳条湖《りゅうじょうこ》で南満州鉄道線路が爆破される。張学良《ちょうがくりょう》ら中国軍による犯行であると伝えられたが、実は関東軍の謀略による自作自演だった。中国軍に罪をかぶせ、軍事攻撃を正当化したのである。満州事変の端緒となるこの柳条湖事件を主導したのが、高級参謀・板垣征四郎大佐と石原莞爾中佐だった。日中戦争の口火を切ったこの二人は、中国人に忌まわしい存在として認知されている。柳条湖近くにある中国の「九・一八歴史博物館」には、板垣・石原のレリーフが展示され、若い現代中国人たちの日本に対する敵愾心《てきがいしん》を今も刺激している。

板垣が関東軍の高級参謀に就任したのは29年。満州事変以降は、傀儡《かいらい》国家・満州国における軍政の中枢に入った。

板垣は宮崎正義《まさよし》の思想に影響を受けた。宮崎はロシア留学の経験もある国際派で、当時は南満州鉄道調査部に在籍。38年に著書『東亜連盟論』において日本・満州・支那の一体化と欧米勢力の追い出しを主張している。また、40年の『派遣軍将兵に告ぐ』のなかで「わが交戦の対象は英、米、仏、ソ聯の煽動に躍りつゝある抗日政権及びその軍匪であつて決して支那の良民ではない」と記した。しかし、多くの中国人たちにとって、東亜連盟構想は日本の独りよがりにしか見えなかった。

45年、シンガポールに転進していた板垣は、現地でイギリス軍に身柄を拘束され、東京裁判にかけられることになった。そして、平和に対する罪（＝A級戦犯）を犯したとして死刑判決が下され、48年、絞首刑に処せられた。62歳だった。

のちに靖国神社「A級戦犯合祀」問題において、板垣の存在がクローズアップされる。85年、板垣の息子・板垣正参議院議員（当時）が、「合祀取り下げ（分祀）」に取り組んだのである。同じくA級戦犯の木村兵太郎の遺族と話し合った結果だった。しかし、東條英機元首相の遺族はこれに反対し、分祀は頓挫《とんざ》する。東京裁判は戦勝国による一方的なものであり、これを認めることになってしまうというのが東條家遺族の主張だった。そして「ポツダムの　宣のまにまに　とこしえの　平和のために　命捧ぐる」と辞世の句を詠んだ板垣征四郎は、今も靖国神社に祀《まつ》られている。（K）

言葉

「懐かしき　唐国人よ　今もなほ東亜のほかに　東亜あるべき」

辞世の一句。中国に対して前向きな思いを述べているが、当の中国人は恨みと怒りをいまだに引きずっている。

「ビルマの屠殺者」と呼ばれて

「陸軍省次官」という肩書により東京裁判で死に追いやられる

木村兵太郎

陸軍大将

きむら・へいたろう●1888年、東京生まれ。陸軍士官学校20期、陸軍大学校卒。陸大教官、ドイツ駐在など、典型的なエリート軍官僚の道を歩み続ける。開戦時の陸軍省次官。1944年、ビルマ方面軍司令。戦後、A級戦犯として東京裁判にかけられ、48年に死刑。

陸軍大将・木村兵太郎は、東京裁判で死刑になった7人のA級戦犯のうちの一人である。彼は対米英戦開戦時の、陸軍省次官だった。連合国側の出した起訴理由や判決書などを見ても、恐らくその肩書きのみを理由として、彼は死刑に処せられた。

もっとも中央省庁の次官というのは、現在でも絶大な権限を持つ。そしてそれは日本でも海外でも大して変わらない。ただ、木村が陸軍次官を勤めていた期間の陸軍大臣は、首相を兼任していたあの東條英機である。次官が、「お飾りロボット」として操縦できるような人物ではなかった。また陸軍省内の実務の権限は、木村次官よりもむしろ、東條お気に入りの武藤章軍務局長の手中にあったといわれている。木村次官こそが「お飾り次官」だったのである。実際、木村が陸軍次官時代に何か大それたことをやってのけたような記録は特にない。ただ、連合国側にそうした細かい事情までわかるはずもなく、また彼らはそれを知ろうともしなかった。木村は「陸軍次官」という肩書をまとったために、ただそれだけのために軍事法廷の場に引き出され、死刑になった。

木村は1944年8月からはビルマ方面軍の司令となり、同地でイギリス軍と対峙《たいじ》していたため、東京裁判の場で検察側から「ビルマの屠殺者《とさつしゃ》」などと呼ばれ、糾弾された。しかし、木村のビルマ着任時は戦争も終盤に差しかかっており、特に45年に入ってからはイギリス軍が本格反抗を開始。戦線は一気に崩壊への道を転がり落ちていく。

45年4月、木村は司令部のあったラングーンから、上層部に無断で飛行機に乗って逃げ出す。ビルマ方面軍の指揮系統は目茶苦茶になり、ビルマ戦線はイギリス軍による一方的な日本軍の殺戮《さつりく》といってもいいような状況になってしまう。これが「ビルマの屠殺者」のはずはなかった。

ただそれでも木村が東京裁判に引き出された理由は、あくまで「開戦時の陸軍次官であったから」というものだった。木村はなぜか裁判のなかで、自身による弁論を一度も行っておらず、よって裁判のなかで何を考えていたのかの公的資料は何もない。

48年12月23日、木村はほかのA級戦犯6人とともに、絞首刑に処された。（O）

言葉

「初めから結論はついている裁判なんだ」

東京裁判中に面会に来た親族に木村はそう語った。

「ロレンス」か「匪賊」か

傀儡国家「満州国」建国に奔走 「情報・諜報戦」プロ中のプロ

土肥原賢二

陸軍大将

どいはら・けんじ●1883年、岡山生まれ。陸軍士官学校16期、陸軍大学校卒。軍歴の多くを対中国工作を行う情報・諜報部門で過ごす。対米英戦中は東部軍司令、第七方面軍司令、教育総監などを歴任。戦後、東京裁判にかけられ、1948年に死刑。

1932～45年までの間、中国東北部に満州国という国家が存在した。国の要所要所は日本人によって押さえられており、満州事変（1931）後に日本がつくった傀儡《かいらい》国家だった。しかし、日本が「満州国はれっきとした独立国だ」と強弁した根拠のひとつは、この国の元首が愛新覚羅溥儀《あいしんかくらふぎ》という人物だったことにある。溥儀は12年まで中国大陸を支配した清王朝の最後の皇帝。清はもともと、中国東北部に住んだ満州族のつくった国であったため、その満州族の皇帝が元首をつとめる満州国には独立国家としての正当性がある、というのは、なるほど一理ある主張ではあった。

清王朝崩壊後、溥儀は天津で暮らしていたが、31年、そこから彼を満州に連れ出し、満州国の元首に据えたのが、当時陸軍大佐だった土肥原賢二だった。

土肥原はまぎれもない陸軍軍人だったが、その経歴からは「戦う武人」のイメージは湧いてこない。彼はわずかな例外を除き、その軍人生活を陸軍の情報・諜報部門のなかで送った。

板垣征四郎や石原莞爾といった、中国東北部に陣取った日本陸軍の精鋭・関東軍が画策した満州地方の掌握計画、それが満州事変であり、その関東軍のなかで天津特務機関長として活躍した土肥原こそは、その謀略戦の現場監督だった。満州国成立後の35年、土肥原は今度は満州国南方の河北省に冀東《きとう》防共自治政府という傀儡政権を樹立する。その手腕は、第一次世界大戦下の中東でイギリスの国益確保のため奔走した英軍情報将校、トーマス・ロレンス（アラビアのロレンス）になぞらえられ、「満州のロレンス」とまで呼ばれた。しかし中国人からは恨みを買うこと甚《はなは》だしく、匪賊《ひぞく》（盗賊）の「匪」の字を取って「土匪原」とも呼ばれていた。

終戦後、土肥原は謀略活動の責任者の一人として、東京裁判の場にA級戦犯として引き出される。そして連合国側の証人として法廷に立ち、土肥原の罪を糾弾した者こそが、あの溥儀だった。溥儀が満州国に行ったのは、必ずしも「だまされた」わけではなく、溥儀自身が為政者としての返り咲きを願っていたからだともいわれる。しかしこのとき中国共産党の捕虜となり、中国側にとって都合のいい主張をまくし立てる溥儀の証言に沿い、法廷は土肥原に死刑判決を出した。（K）

言葉

「俺の体はとうにお上に捧げたものだ」

絞首刑直前、最後の面会に来た家族に土肥原はそう言った。

精神主義を説いた皇道派の頭

「二・二六事件」の原点となった
「皇軍」という言葉の生みの親

荒木貞夫

陸軍大将

あらき・さだお●1877年、東京生まれ。陸軍士官学校9期、陸軍大学校卒。憲兵司令官、陸大校長などを歴任し1931年、犬養毅内閣の陸軍大臣に。軍内に皇道派を形成するも、二・二六事件で失脚し予備役。38年、文部大臣。戦後東京裁判で終身刑。66年没。

陸軍大将・荒木貞夫は、対米開戦前の1930年代前半、軍内にとどまらず、国民的な人気・知名度のあった軍人である。「精神家」というニックネームで通っていた人物で、これは若干の皮肉も含まれてはいたが、愛国主義・精神主義を強調し、国家とは経済力増強などよりもむしろ「精神」を強調して運営すべきだ、という論を盛んにぶった。これは大正デモクラシー的空気が退潮しつつあった時流にも合い、陸軍内の青年将校やいわゆる右翼的政治活動家から特に支持された。

荒木は人間的な魅力もあった。偉ぶらず、目下の者とも親しげに交流したので、陸軍内にはまたたく間に〝荒木派〟の青年将校グループが形成された。これがのちに「皇道派」と呼ばれる一団であり、20世紀の近代国家のなかで天皇親政（天皇が直接政治を行う体制）までとなえだす。

1930年代、日本にも近代的な商工業の基盤が本格的に確立されていた。しかしそれは同時に貧富の差なども生み、貧困家庭の出身者も多かった陸軍将校の間には、そうしたことへの社会的不満がたまっていた。そして皇道派が行き着いた結論とは、社会を悪くしているのは、富をむさぼる財閥と、それと結託する政治家たちではないのかというものだった。

その青年将校たちの怒り、不満が爆発した事件こそが、36年の二・二六事件だった。荒木の育てた青年将校たちが政治家や軍部要職者などを次々と襲撃、殺害。荒木はそこまでの構想は持っておらず、青年将校らにむしろ自首・投降さえ呼びかけたが、この行動は親荒木派、反荒木派双方の不信を買い、彼は陸軍内で完全に失脚する。ただ「精神家」としての名望は残っており、38年には近衛《このえ》文麿《ふみまろ》内閣の文部大臣として入閣。「皇道教育」の推進や、軍事教練の徹底導入などに手腕を振るった。

戦後、荒木は日本の軍国主義を推進した中心人物と連合国側にみなされ、A級戦犯として東京裁判の場に引き出される。堂々とした態度や雄弁は周囲を感心させたが判決は終身刑。55年に仮出所となった後は、戦後の社会においても持ち前の「精神主義」を説いて、全国を講演して回るなどしていた。66年、幕末の尊皇攘夷派志士集団・天誅組《てんちゅうぐみ》の歴史調査のため訪れた奈良県十津川村《とつかわむら》で、心臓発作のため89歳で死去。（K）

言葉

「皇軍の精神は皇道を宣揚し国徳を布昭するにある」

大正時代まで使われていた「国軍」を「皇軍」に言い換えたのは荒木とされる。

「ポスト東條」に担がれた悲運

戦況を何も知らされなかった 悲劇・悲運の〝お飾り首相〟

小磯国昭

陸軍大将

こいそ・くにあき●1880年、栃木生まれ。陸軍士官学校12期、陸軍大学校卒。陸大教官、軍務局長、朝鮮軍司令官などを歴任し、1938年に予備役編入。42年、朝鮮総督、44年に首相。内閣は45年4月に崩壊。戦後はA級戦犯として終身刑となり、50年に獄中死。

1941年12月8日の対米英戦開戦から大日本帝国を率いていた東條英機内閣が倒れたのは、44年7月22日のことだった。表向きの原因は太平洋の要衝《ようしょう》・サイパン島が陥落したことである。しかし戦局が悪化するなかで、東條が自分自身に前例のない権力集中を画策するようになったことに、政官界からは深刻な憂慮が寄せられていて、それによって起こった「反東條運動」に屈したというのが、実際だった。反東條運動の中核は海軍や重臣（総理大臣を経験した政官界の重鎮）らだった。しかし彼らの本音とは、「東條以外の総理なら誰でもいい」という、かなりいい加減なもので、東條を降ろした後に誰を後継総理にするのかについての具体的な構想は、ほぼ何もなかった。

ただ、当時、日本最大、最強の政治勢力となっていた陸軍には配慮する必要があり、後継総理は陸軍の重鎮から選ぶことになった。それでも実際の選び方は非常にいい加減で、重臣らは陸軍大将の名簿から「暇をしていそうな人材」を探し、無理矢理に総理の座につけるようなことをした。その結果生まれたのが、陸軍大将・小磯国昭による内閣だった。「小磯総理大臣」は最初から最後まで迷走に次ぐ迷走を重ねた。まず小磯は陸軍大将とはいえ、このとき予備役（実際には退職している軍人）だった。対米戦に関する詳細な情報などはほとんど持っておらず、また現役軍人でなかったために大本営の会議にも出席できなかった。戦争指導内閣であるにもかかわらず、その首相に重要な軍事情報がほとんど入ってこないという、コントのような政治状況が出現したのである。

小磯は陸軍に働きかけて軍人としての現役復帰を画策。首相と陸軍大臣を兼務して強力な戦争指導体制を構築しようとした。しかし、小磯を「近代戦に関する知識に乏しい老害」と見ていた陸軍は冷たく、あっさりとその構想も頓挫《とんざ》した。そして45年4月7日、米軍の沖縄上陸や和平工作の失敗などを原因に、内閣は崩壊する。

戦後、ＧＨＱは戦争中の総理大臣だったということで、小磯をＡ級戦犯（平和に対する罪）として起訴。小磯にとってはいい面《つら》の皮だったろう。極東軍事裁判で終身刑判決を受けた小磯は、50年にがんで獄中死した。

（O）

言葉

「日本はこんなに負けているのか」

首相就任後、実際の戦況に関するナマ情報に触れて小磯はこう驚いたという。

教育者としての功績

対米戦告げる真珠湾攻撃を許可 戦犯に問われるも獄中で病死

永野修身

元帥海軍大将

ながの・おさみ●1880年、高知生まれ。1900年、海軍兵学校卒業。日露戦争に従軍。09年、海軍大学校甲種に学ぶ。米国駐在などを経て33年に大将。36年、海軍大臣。41年、軍令部総長。43年に元帥。47年に戦犯容疑で収監されていた巣鴨プリズンで病死。享年66。

1904年、23歳で日露戦争に従軍した永野修身は、砲撃などで功績をあげた。軍人のエリートコースに乗った永野は、27年に中将へ昇進し、翌年には海軍兵学校校長をつとめることになる。

海軍兵学校校長時代は、「ダルトン式教育」を導入する。ダルトン式教育とは、ニューヨークにあった「ダルトン・スクール」の手法である。生徒それぞれの個性・能力を伸ばすことを目的とし、自主性を重んじて協調性も養わせる。アメリカのプラグマティズム（実用主義）の代表的哲学者・デューイの思想などを参考にしてつくられた教育法だ。米駐在経験があった永野は、アメリカ型の合理主義やプラグマティズムについて理解があった。

ただし、この教育法を軍隊に導入することに関しては反対意見も少なくなかった。軍隊式のスパルタがなければ、よい軍人は育たないという反対意見である。

34年、54歳のとき大将に昇進（43年に元帥）する。36年にはロンドン海軍軍縮会議全権をつとめ、2年前の脱退通告からの既定路線を受け継いだ。これで日本の戦艦等の海軍強化方針は確定的となった。36年、広田弘毅《こうき》（文官A級戦犯として唯一死刑にされた総理）内閣のとき、海軍大臣に就任する。海軍大臣として、米内《よない》・山本・井上の海軍リベラル三羽ガラスをバックアップすることとなった。

41年に軍令部総長に就任した永野は、真珠湾攻撃にゴーサインを出すことになる。ただし、本人は対米開戦に関して限りなく懐疑的であった。天皇に勝てるのか否かと尋ねられたときも、はっきりとした返答ができなかった。絶対に勝てると言い切れるだけの根拠を、永野は持ち合わせていなかった。駐在時代に、アメリカの国力を実感していたからである。「戦ってよしんば勝たずとも、護国に徹した日本精神さえ残れば、我等の子孫は再三再起するであろう」とも語っている。

敗戦後、永野は戦犯容疑で巣鴨プリズンに収監される。しかし、体調を崩していた永野は肺炎を起こし、東京裁判が続いていた47年に死去した。真珠湾攻撃で苦杯をなめさせられたアメリカとしては、開戦当時の責任者の一人として、永野に死刑判決を出したかった可能性は否定できないが、病死というかたちで世を去ってしまったのである。（K）

言葉

「物資が欠乏するので之を獲得せざれば長期戦は成立せず」

大本営政府連絡会議でこう述べた。物資欠乏による敗北への予感は的中していた。

ミズーリ艦上で
降伏文書調印

混迷する軍部を収め続けた
日本陸軍「最後の参謀総長」

梅津美治郎

陸軍大将

うめづ・よしじろう●1882年、大分生まれ。陸軍幹部教育ひとすじに学び、常にエリートコースを歩む。1940年に大将。42年、関東軍総司令官。44年、参謀総長。45年、大本営全権として降伏文書調印式に出席。東京裁判で終身刑の判決を受けるが、49年に獄中死。

1945年9月2日午前9時、陸軍参謀総長・梅津美治郎は横須賀沖に停泊する米太平洋艦隊旗艦・ミズーリの上甲板第二砲塔左舷に立った。彼の役目は軍部代表として降伏文書に調印することであった。日本側全権代表・重光葵《しげみつまもる》外務大臣に続き、卓上に置かれた文書に、梅津が体をかがめるようにして署名した。晴天の上空を艦載機1500機、B29爆撃機400機が勝ち誇ったように轟々と祝賀飛行していった。それが太平洋戦争が終結し、大日本帝国が消滅した真の瞬間だった。梅津は日本陸軍の最高位官としてその場に立ちあった。

陸軍大学校第23期首席卒業の梅津美治郎は、軍部の要職を歩んだ陸軍きってのエリートであると同時に、軍部混迷の収束を常にまかされてきた。36年の二・二六事件では仙台第二師団長として反乱軍の鎮圧と粛正を行った。これは梅津が皇道派にも統制派にも属さない、中立の立場にあったことが買われたといわれる。39年のノモンハン事件では急遽、関東軍司令官特命全権大使に任命され停戦に腐心。その後は関東軍の戦力強化に傾注した。40年、ドイツのポーランド侵攻に呼応して日本も対ソ開戦すべきとの声が軍部内に広がるが、陸軍大将に昇進した梅津はこれに反対、関東軍の兵力増強を外に示すことでソ連との衝突を封じる策をとった。

常に沈着冷静の将であり、感情を表に出さないことから「お能の面」とのあだ名がつけられていた。石原莞爾は「陸軍省で話し相手になるのは梅津だけ」と彼の明晰さを高く評価した。

梅津は対米戦にも反対論を唱え続けた。

「この戦争は早く終わらなければならない」

だが軍部の意向はまったく逆であった。

戦局に暗雲がたれこめる44年7月、梅津はついに陸軍最高位である参謀総長に任命される。重任について彼は家族に「また後始末だ」と洩らしたという。終戦後、彼は東京裁判でA級戦犯として終身禁固の判決を受ける。すでに直腸がんを発症し入院中の身であったが、梅津は粛々と巣鴨プリズンに収監された。49年1月8日、服役中にがんの悪化と肺炎の併発により死去。（F）

言葉

「今は御聖断に従い、正々堂々降伏しよう」

徹底抗戦を叫ぶ軍幹部を、梅津は涙を流し諫めた。

「死の行進」の汚名を負って

米軍によるプロパガンダだった「バターン死の行進」の責任者

陸軍中将 本間雅晴

ほんま・まさはる●1887年、新潟生まれ。陸軍大学校卒。イギリス大使館附武官、参謀本部第二部長、台湾軍司令官などを歴任。1941年、第十四軍司令となりフィリピン攻略作戦に従事。42年、予備役編入。46年、マニラ軍事裁判で死刑判決。

1941年12月8日から開始された対米英戦において、日本陸軍がまず行った3大作戦が、マレー半島攻略、インドネシア攻略、そしてフィリピン攻略だった。このうち一番てこずったのが本間雅晴中将によって指揮されたフィリピン攻略だった。マレー、シンガポール攻略作戦は42年2月までに完了。インドネシアも同年3月まで日本軍の手に落ちたというのに、フィリピンで抵抗を続ける米軍部隊は実に粘り強かった。フィリピン最大の都市マニラこそ42年1月2日に陥落させたが、フィリピン防衛を担う米軍部隊の将、マッカーサーは主力を早々とマニラ南方のバターン半島に撤退させていた。同半島には堅固な防衛線が構築されており、1月中に行われた日本軍の攻撃は撃退され、本間は2月に入って攻撃の一時中断命令を下す羽目に陥った。

大本営に増援を頼んで3月下旬から再開された攻撃は功を奏し、マッカーサーの脱出こそ許してしまうものの、42年5月までにフィリピン攻略作戦は終結。しかし大本営は本間の不手際を許さず、同年8月に本間は予備役へ編入される。つまり軍をクビになったのである。

本間は予備役編入以降、終戦まで二度と第一線に復帰することはなく、ほとんど民間人に等しい生活を送っていた。しかし終戦後、彼は突然米軍からマニラに呼び出される。「バターン死の行進」の責任者として、戦犯裁判にかけるというのである。本間にとって、それはほとんど「身に覚えのないこと」と言っていいほどに唐突な話だった。

フィリピン攻略作戦が終わったとき、日本軍に投降した米軍捕虜は約10万人。日本軍としては想定外の数字であり、彼らを乗せるトラックも、彼らに与える食糧も不十分なまま、北方約120キロの地点にあった捕虜収容所まで歩かせた。その途中で多くの捕虜が疲労や病気で脱落し、死んでいった事実が確かにあった。しかしこれはバターン半島で戦った日本兵たちも、同じだった。日本軍内に特に「残虐行為」との認識はなかった。しかし米軍は戦時中から国内向けのプロパガンダとして、この「死の行進」を盛んに取り上げ、「日本軍の残虐性の証拠」としていたので、容赦はなかった。46年4月6日、マニラ戦犯法廷で死刑判決を受けた本間は、銃殺刑に処された。（O）

言葉

「それは何だ？」

戦犯法廷で「死の行進」について問われた本間は怪訝そうにこう返した。

「東條の副官」「男メカケ」

東條の〝コピー人間〟のごとし 調整型官僚の「悲劇」と「喜劇」

嶋田繁太郎

海軍大将

しまだ・しげたろう●1883年、東京生まれ。海軍兵学校32期、海軍大学校卒。軍令部次長、艦隊司令など海軍のエリートコースを歩み、1941年に海軍大臣。44年、軍令部総長兼任。45年に予備役編入。東京裁判で終身禁固となるも55年、仮釈放。76年没。

「彼は調整型の人物だ」というのは、いわゆる官僚にとってひとつの褒め言葉である。海軍兵学校、海軍大学校を経て海軍中央の要職を歴任し、海軍大臣、軍令部総長にまで上り詰めたエリート軍官僚・嶋田繁太郎海軍大将は、まさにこの「調整型」の人物だったとされる。

しかし周囲の利害調整ばかりに長《た》けたその性格は、戦争という非常時のリーダーとしては、相応《ふさわ》しくなかったようだ。対米英戦のなか、彼は東條英機内閣の海軍大臣として、あまりにもな東條への従属姿勢を見せ、身内の海軍からも「東條の副官」「男メカケ」などと批判を浴び、戦後は東條とともにA級戦犯として東京裁判に引き出された。嶋田はもともと、海軍内に少なくなかった対米開戦反対派だったため、１９４１年10月にできた東條内閣への入閣を求められたとき、これを断っている。しかし周囲に説得されて入閣するや、対米戦強硬派の東條らに引きずられる形で開戦派に転向。「開戦やむなし」の言論を海軍内で説いて回るような人間に変身する。開戦後はほとんど東條のコピー人間のごとき言動を見せ、陸軍に対して強い物言いをしなかったため、陸軍に比して海軍への軍需物資配分がうまくいかなくなるなどの問題さえ発生した。

44年初頭、東條は戦局の悪化を挽回《ばんかい》するため、すでに兼任していた陸軍大臣に加え、作戦立案を司る陸軍参謀総長をも兼任し、強力な戦争指導体制を構築しようと目論む。ただ、陸軍大臣と参謀総長の兼任は前例がなく、また作戦立案は天皇に直属する「統帥《とうすい》権」という特別な権利とされていたため、それを政治畑の陸軍大臣が兼任するのは憲法違反ではないかという異論まで出ていた。しかし嶋田はそうした批判をよそに、東條を支援するようにみずからも海軍の作戦立案を司る海軍軍令部総長の兼任を表明。海軍内の嶋田批判は頂点に達し、東條内閣瓦解後の45年1月、まだ戦争中にもかかわらず、嶋田は予備役編入、つまり軍をクビになった。

嶋田は戦後、開戦時の海軍大臣だったということで戦争責任を問われ、A級戦犯として東京裁判の被告となる。判決は終身禁固刑。しかし55年に仮釈放されるや、海上自衛隊の行事に顔を出すようなことを行いだし、旧海軍関係者からは「人前に顔が出せる身分か」という批判を浴びた。（O）

言葉

「海軍大臣一人が戦争に反対しては申し訳ない」

対米開戦直前、嶋田は海軍省幹部を前にそう語った。

戦犯に問われた常識人

加藤哲太郎

陸軍中尉

「私は貝になりたい」死刑判決を受けた男の苦悩

かとう・てつたろう●1917年、東京生まれ。慶大卒後、25歳のとき徴兵・召集。野砲兵連隊配属後、俘虜収容所に勤務。45年に陸軍中尉。48年、戦犯として逮捕され絞首刑判決。助命嘆願運動の末、禁錮30年に減刑。58年に残余免除で釈放。76年に死去。享年59。

日本人は忘れっぽく、反省をしない民族であるといわれる。韓国のように「恨みは絶対に忘れない」というのも極端ではあるが、日本の楽天的にすぎる忘れっぽさも問題だ。喉元過ぎてすぐに熱さを忘れてしまっては、次回にまた痛い目に遭《あ》うことが必至となる。

加藤哲太郎は、戦時における軍部への加担者として、みずからの行為について反省をすることになった。「戦犯」として逮捕され、絞首刑の判決を受けることになったからである。元々、職業軍人ではなかった加藤。父親の一夫は出版社経営。今もある「春秋社」の創設者だった。加藤哲太郎が召集されたのは、1941年だった。慶應大学を卒業して、北支那開発株式会社に就職し、中国・北京に渡る。その後、徴兵で甲種合格となり、軍人としての仕事をするようになる。

加藤は慶應時代に身につけた語学力があったため、東京・大森の俘虜《ふりょ》収容所に勤務を命じられる。

そこには、アメリカ兵俘虜などが収容されていた。加藤は敗戦まで、複数の俘虜収容所で所長をつとめることになる。食料不足などから、俘虜が虐待されている状態にあることをわかってはいたが、見て見ぬふりだった。45年、敗戦の詔勅《しょうちょく》。加藤は俘虜収容所長だった自分の身が危うくなることを直覚する。そして逃亡し地下生活に入るが、48年、逮捕される。裁判が行われ、加藤は戦犯として絞首刑の判決を受ける。加藤は戦勝国が敗戦国を裁く行為について疑問を呈してはいるが、それ以上に、自分が加担した戦争犯罪について、以下のような反省を述べている。

「お国のためだからと自己をいつわって生活のために職業軍人になった人、刑務所にやられるのが嫌さに召集された人、軍律が恐ろしくて逃亡しなかった人。このような人は、自分が戦争に参加したこと自体を、大いに反省する必要があると思う」

加藤は家族・友人知人・知識人の助命嘆願運動によって、再審を許される。それはGHQマッカーサー元帥の判断だった。再審の結果、絞首刑は撤回された。そして58年まで懲役生活を送った後に釈放され、76年に60歳で死去した。獄中で取り組んだ執筆活動の成果は『私は貝になりたい』という著作として世に出ることになった。（K）

言葉

「罪は戦争にあるのではなく、戦争に参加した各人にある」

『戦争は犯罪であるか　一戦犯者の観察と反省の手記』より。

海軍抗戦派

米内海相と下僚の板挟み
終戦工作の会議では陸軍側に同調

豊田副武

海軍大将

とよだ・そえむ●1885年、大分生まれ。1905年に海軍兵学校を卒業し「橋立」「朝霞」に乗艦。17年、海軍大学校卒業。33年に連合艦隊参謀長、44年に連合艦隊司令長官として指揮をとる。翌年、最後の軍令部総長として終戦を迎える。57年に死去。

1944年、嶋田繁太郎海相兼軍令部総長は、豊田副武《そえむ》に連合艦隊司令長官への就任を要請する。しかし豊田は自分のキャリアからは不適であるとして、辞退を申し入れた。主戦場となっている南方地域に行った経験がなく、航空作戦の指揮も熟練していないという理由からだった。代わりに南雲忠一や小沢治三郎を推したが、嶋田はこれを受け入れなかった。

仕方なく連合艦隊司令長官としての任に就くことになった豊田は、航空戦経験の多い草《くさ》鹿《か》龍《りゅう》之《の》介《すけ》を参謀長として招いた。

敗色濃厚な45年4月、豊田は「海上特攻」に打って出ることを決める。これは戦艦大和などをあえて沖縄本土で座礁させたうえ、それを固定砲台として敵軍を迎え撃ち、弾薬が尽きた場合は陸戦突撃するというもの。神重徳《かみしげのり》大佐が立案し豊田が採用した作戦だったが、沖縄へ向かう途中、九州南方の坊ノ岬沖で大和は米空母艦載機の集中攻撃によって撃沈されてしまう。想定していた作戦は端緒で失敗に終わった。

この翌月、米内《よない》光政海相に請《こ》われ軍令部総長に就任した豊田は、最高戦争指導会議に加わった。これは鈴木貫太郎首相、米内海相、阿南惟幾陸相、梅津美治郎参謀総長、東郷茂徳外相、そして軍令部総長の豊田という6人が中心になって構成されている会議だった。

当然この時期には、戦争終結を具体的なテーマとして語らざるを得ない状況に陥っていた。だが、意見は3対3に二分されることとなる。鈴木、米内、東郷は早期終結に積極的だった。しかし、無条件降伏の受け入れに抵抗する陸軍の阿南、梅津側に、海軍の豊田も加わる。豊田がそちら側につくことを、米内は想定していなかった。徹底抗戦の声は陸軍のみならず海軍内にも多く、それを抑制してくれることを米内は豊田に期待していたからだった。ただ、豊田は積極的に抗戦を唱えたわけではないと後年に述懐している。無条件降伏ではなく、少しでもよい条件で戦争終結の道筋をつけたかったのだという。

終戦後、豊田は45年12月に戦犯指定される。しかし4年後の判決は無罪となった。（K）

言葉

「私が最後まで戦うのだと主張したかのように誤伝されておるのははなはだ心外」

『文藝春秋』1950年1月号に掲載された本人の手記「謬《あやま》られた御前会議の真相」より。

第四章　大義

未来を見通す冷徹な眼

天才軍人の「世界最終戦論」「満州国建国」で描いた夢は幻に

石原莞爾

陸軍中将

いしわら・かんじ●1889年、山形生まれ。1909年、陸軍士官学校卒。18年、陸軍大学校卒。22年ドイツ駐在、25年陸大教官を経て、28年に関東軍参謀となり31年に板垣征四郎とともに満州事変を起こす。39年に中将。41年に予備役となり、立命館大学講師などをつとめる。49年に死去。享年60。

1931年9月18日、南満州鉄道の路線を爆破した柳条湖《りゅうじょうこ》事件は、関東軍の陰謀だった。中国軍の仕業と見せかけたのである。これにより日本の軍事力行使に正当性を持たせ、満州事変は始まる。

翌年の2月頃までに、関東軍は満州をほぼ全域にわたって支配下においた。

そして32年の3月1日、「満州国」の建国宣言が出される。「執政（国家元首相当）」は、清朝最後の皇帝・愛新覚羅溥儀《あいしんかくらふぎ》が就任する（34年に満州国皇帝）。

兵力数に優る中国軍を、5カ月程度で制圧し日本の傀儡《かいらい》国家を誕生させるに至った計画の大半を現場でリードしたのが、石原莞爾だった。柳条湖事件の謀略も、石原が主導した。板垣征四郎大佐との連携もあったが、実質的なブレーンは作戦主任参謀の石原だった。

戦後、大佐と中将という地位の違いはあったが、ともに満州事変を実行した板垣はA級戦犯として死刑、一方の石原は公職追放こそされたが実質的なお咎《とが》めなしという結果になる。これに関して石原は「なぜ自分は戦犯ではないのか」と言い放った。

東條英機との不仲

二・二六事件（1936年）が起きた際には、戒厳司令部参謀として事態の収拾にあたる。石原の考えを求め、殺気立って詰め寄る青年将校・栗原安秀に対してこう言った。

「貴様らが言うことを聞かぬなら、軍旗を持ってきて討つだけだ」

石原と同郷で後輩の林八郎に対しては、電話で二者択一の選択肢を突きつける。

「切腹するか、降参するか。どっちだ」

また、二・二六の黒幕と疑われた真崎甚三郎からたびたび懐柔を受けたが、拒絶している。石原は酒も煙草もやらない。考え方以前に、そうした誘いは、我の強い自信家の一匹狼・石原に対して元から効果がなかった。

石原は冷静でありながらも、時に荒っぽい言葉で上官をも批判することがあった。石原の言い分は理路整然としているだけに、言われた側は神経を逆なでにされる。5歳年長だった東條英機は、石原を嫌っていた。

満州の大使館付だった38年、参謀長だった東條を批判した石原は罷免される。41年からは待命《たいめい》（職務を担当しなくなること）となり、以降は立命館大学の国防学講師などをつとめ、軍の現場から離れることになった。

東條との不仲に関して、戦後、石原はこのように発言している。

「東條との思想的対立などあるわけがない。東條には思想などないからだ」

気が強く頭脳明晰な石原だったが、健康面に関しては幼少時から常に不安を抱えていた。胃など内臓系が弱く、それが原因で酒も煙草も受けつけなかった。だが、甘いものは好きだったらしい。

石原の世界観と未来予測

石原は満州国建国に関する思想的背景を『世界最終戦論』（1940年）という著作で、具体的な例を挙げて語っている。

世界の勢力は、日本を中心とした東亜連盟、アメリカを中心としたグループ、ソ連、ヒトラーを中心としたヨーロッパグループ……この4つにブロック化され、決戦が起こるというもの。そして、軍事技術（テクノロジー）の発達により兵器は先鋭化され、短

1932年、満州から一時帰国し大阪に立ち寄った中国服の石原莞爾（右）（写真／共同通信社）

期間で勝敗が決し戦争は終結することになる……という分析である。

石原の思想は「国柱会《こくちゅうかい》」に強い影響を受けている。石原は31歳のとき、この国柱会の会員となった。国柱会は、田中智学《ちがく》が日蓮の思想をベースとしてつくり上げた宗教団体で、詩人・宮沢賢治も会員だった。また、田中は日本書紀から引用して「八紘一宇《はっこういちう》」という言葉を使用したことでも有名だ。

田中は「白人黒人東風西俗色とりどりの天地の文、それはそのままで、国家も領土も民族も人種も、おのおのその所を得て、各自の特色特徴を発揮し、燦然たる天地の大文を織り成して、中心の一大生命に趨帰《すうき》する、それがここにいう統一である」と述べている。

田中は39年に死去し、戦後の日本を見ていないが、国柱会自体は今も存続している。

国境をなくしていくことが対立をなくす手段になるという考え方は、左右に限らずあらゆる思想・哲学に存在するが、それをリアルな軍事的実践として展開したのが石原莞爾だった。

軍人であり思想家でもあった石原は、49年に肺炎になり死去した。60歳だった。（K）

言葉

「満州事変を起こした私が、なぜ戦犯ではないのか」


戦犯指定されず、東京裁判にかけられなかったことについてこう言った。

石原は戦勝国の「最初に結論ありき」な一方的裁判のご都合主義を見透かしていた。

終戦時の陸軍大臣

終戦の日に割腹自殺を遂げた高潔なる〝乃木魂〟の継承者

阿南惟幾

陸軍大将

あなみ・これちか●1887年、東京生まれ。陸軍士官学校18期、陸軍大学校卒。侍従武官、東京陸軍幼年学校長、陸軍省兵務局長、陸軍次官などを歴任。1945年、鈴木貫太郎内閣の陸軍大臣に。同年8月15日、割腹自殺。

終戦時の陸軍大臣・阿南惟幾は、青少年期に日露戦争の英雄・乃木希典《のぎまれすけ》大将に会ったことがある。陸軍将校の道に進んだのも、乃木の助言が理由のひとつだったようで、終生乃木を心の師と仰いだ。乃木希典という人物は、日本陸軍史のなかにおいて屈指の有名人ではあるが、率直にいって軍人としての能力はそれほど高かったほうではない。しかしその人格の高潔さは抜きん出ており、世間から愛された理由もそこにある。乃木を敬愛した阿南も、まさに乃木のような人生を歩んだ。

阿南はエリート将校の登竜門である陸軍大学校を出た人間だったが、入るまで受験に三度も失敗している。決して成績優秀者でもなかったので、特に目立つ存在ではなかった。また阿南の世代の陸軍軍人は、政治に関心を持つ者が増え、後の二・二六事件の火種をつくる者さえいた。しかし、謹《きん》厳実直《げんじっちょく》の古武士・乃木希典を信奉した阿南は、そのような動きとは一切無縁だった。

篤実《とくじつ》・清廉《せいれん》の士とでもいえば聞こえはいいが、つまり阿南はある時期までまったく凡庸な男だと思われており、歴史の表舞台で華々しく活躍するような人物だとも思われていなかった。しかしそれが一変するのが1936年の二・二六事件だった。二・二六事件を起こしたのは陸軍内の「皇道派」と呼ばれる勢力だったが、彼らは事件後に大量にクビ、左遷などになったため、陸軍中央のポストに相当な空きが発生した。そこで政治的に無色で、二・二六直後に決起将校を厳しく批判するなどしていた阿南が、軍上層部から引き上げられる結果となったのである。

阿南は45年4月に成立した鈴木貫太郎内閣の陸軍大臣となる。すでに終戦間近で、和平への模索も始まっていた時期だったが、阿南は陸軍内の「徹底抗戦派」を代表する立場として、和平派と鋭く対立。しかし降伏すると決まるや、8月15日未明、玉音放送が行われる前に割腹自殺した。「一死以テ大罪ヲ謝シ奉ル」というのが遺書で、この「大罪」が何を指すのかというのは戦後も議論になった。陸軍内には玉音放送を無視してでも抗戦をと叫ぶ勢力もあったが、阿南の自決でほとんど腰くだけになる。阿南を「隠れた和平派」だったとし、自決は抗戦派の勢いをそぐための行動だったとする説もある。（O）

言葉

「日本は必ず復興するでしょう」

自決直前、阿南は鈴木首相を訪ねて徹底抗戦を説き続けたことを詫び、こう言って去った。

陸軍初の特攻隊を出撃させ自分は「敵前逃亡」した稀代《きたい》の愚将

富永恭次

陸軍中将

とみなが・きょうじ●1892年、長崎生まれ。23年、陸大卒。39年、関東軍参謀本部部長。41年に中将。44年、第四航空軍司令官としてフィリピンへ。陸軍の航空特攻隊の出撃命令を出す。45年、台湾へ逃亡。戦後、シベリア抑留。55年に帰国、60年に死去。享年68。

「希望者は前へ」という強制

「特別攻撃隊」といえば海軍のイメージが強いが、陸軍も負けじと「万朶隊《ばんだたい》」を組織した。「万朶」とは多くの花や枝が垂れ下がっている様子のこと。チキンレースと化した陸軍と海軍の空虚なライバル心は、「特攻」という作戦で頂点に至り、数多くの若者を死に追いやることとなる。

特攻志願は建前上、本人の希望ということになっていたが、実質的には強制だった。日本男児であるならば「希望者は、一歩前へ」と言われて引き下がることはできないのではないか。この組織内における意識構造は、現代のブラック企業経営者と社員の関係とも通底している。

富永恭次は、フィリピンで万朶隊と、それに続く富嶽隊《ふがくたい》に突撃命令を出した男である。志願した兵士たちに向かって富永はこう言った。

「諸君はすでに神である。君らだけを行かせはしない」

しかし、この美辞麗句が本心でなかったことはすぐに判明する。45年1月16日、富永は「視察のため」と称し、台湾に逃亡してしまう。上官であった山下奉文《ともゆき》大将の許可も取っていなかった。だが、大本営はこの逃亡行為を事後承諾して、同年2月13日には富永の率いる第四航空軍司令部の解体を発令してしまう。

富永は何の処分を下されることもなく、5月5日予備役編入となる。その後、7月に第百三十九師団の師団長を命ぜられ満州へ行くが、翌月には終戦を迎える。ソ連が参戦してきたため、富永は捕虜にされた。シベリアのハバロフスクに抑留され強制労働につかされた富永は、55年に釈放され、引揚船で祖国に帰ってきた。そして61年、どこに特攻することもなく世を去る。68歳だった。

ちなみに富永と同じく陸軍航空特攻の命令を出していた菅原道大《すがわらみちおお》中将という人物もいる。第六航空軍司令官をつとめ、菅原が軍刀を振って特攻隊を送り出しているニュース映像も残っている。菅原もまた、自決することも特攻することもなく、95歳まで生きた。終戦後、埼玉で養鶏業を営んでいた菅原のもとに、歴史研究家や記者などが訪れると、ひたすら「申し訳なかった」と土下座をしたという。晩年には認知症を患い、「刀を持ってこい。腹を切る」などと口にしていた。（K）

言葉

「最後の一機には、この富永が乗って体当たりをする決心である」

特攻隊員たちにこう訓示をしたが、富永は敵前逃亡の末、敗戦後も生き延びた。

南京事件の
反論も虚しく

南京軍事法廷での弁明は「真実」なのか「責任転嫁」なのか

谷寿夫

陸軍中将

たに・ひさお●1882年、岡山生まれ。1903年、陸軍士官学校卒。12年、陸軍大学校卒。34年に中将。37年、第六師団長をつとめ南京攻略に参加。46年GHQに逮捕され、中国国民党政府に引き渡される。47年、南京軍事法廷で死刑判決、銃殺刑に処せられる。享年64。

南京事件の罪を問われた松井石根は、Ａ級戦犯（平和に対する罪）扱いとして東京裁判（極東国際軍事裁判）で裁かれた。だが、南京事件に関わったとされるほかの軍人たちはＢＣ級戦犯として裁かれた。ＢＣ級はそれぞれ「通常の戦争犯罪」「人道に対する罪」となる。

谷寿夫もＢＣ級戦犯として拘束され、中国に移送された。そして「南京軍事法廷」において裁かれることになる。谷寿夫は中将だった１９３７年、第六師団長として南京攻略に参加した。南京攻略が成功した後、一般の民間人や捕虜を殺した「南京事件（南京大虐殺）」が起きたとされる。

谷は帰国後の39年に予備役となったが、大戦終了間際の45年に召集され、そのまま戦後すぐ中国復員監の業務に就く。以前、中国にいたことがこの人事につながった。

谷は終戦後６カ月ほど経過した46年の２月、ＧＨＱによって逮捕される。そして中国へと移送され、「南京軍事法廷」で裁かれることになった。

　裁判では「わが部隊は軍規厳正でいまだ一人も殺害していない」と主張した。また、虐殺行為は中島今朝吾《けさご》第十六師団長が中心となってなされたとも述べる。実際に、中島今朝吾の37年12月13日の日記では、「大体捕虜ハセヌ方針（捕虜はとらない方針）」、捕虜となった7000〜8000人について「之ヲ片付クルニハ相当大ナル壕ヲ要シ、中々見当ラズ、一案トシテハ百二百ニ分割シタル後、適当ノカ処ニ誘キテ処理スル予定ナリ〈捕虜を片付けるには大きな壕が必要となるが、なかなか見当たらない。一案として100人200人程度に分割してどこかに連れて行って処理（殺害）を行う予定〉」と具体的に書かれている。

　しかし、谷の主張は認められなかった。47年、有罪が言い渡される。判決は「谷寿夫は作戦期間中、兵と共同してほしいままに捕虜および非戦闘員を虐殺し、強姦、略奪、財産の破壊を行ったことにより死刑に処す」。同年4月、谷は銃殺刑に処された。

　一方の中島今朝吾中将は、戦争犯罪人として裁かれることもなく、予備役中の45年10月に日本で病死している。（K）

言葉

「わが部隊は軍規厳正でいまだ一人も殺害していない」

　軍事法廷での谷の弁明。自分たちはやっていないが、同時に、ほかで派手にやらかしたやつがいるということを指摘している。

満州の「暗部」を知る男

「大杉栄殺害事件」の犯人は満州に渡り「黒幕」として暗躍す

甘粕正彦

陸軍大尉

あまかす・まさひこ●1891年、宮城生まれ。1911年に陸軍士官学校卒。憲兵となり、23年にアナーキスト・社会主義者の大杉栄を殺害。懲役10年の判決を受けたが、26年に出所。渡仏を経て満州に渡り、満州映画協会理事などをつとめる。敗戦直後の45年に自殺。

甘粕正彦が人生の転機を迎えることになったのが、大杉栄殺害事件だった。

当時の憲兵の多くは、常日頃から社会主義者の大杉栄を面白く思っていなかった。これは現在の自衛官・警察官が共産党や社民党に投票したくないという心情とも通底している。憲兵大尉だった甘粕もその例に漏れなかった。大正デモクラシーの自由な空気のなかで、闊達《かったつ》な言論活動を展開している大杉栄に対し、怒気とも嫉妬ともつかぬ感情をたぎらせていた。1923年、関東大震災が起きてから2週間ほど後に、ほか2名の憲兵とともに甘粕は大杉栄を殺害するに至る。妻の伊藤野《の》枝《え》、まだ幼かった甥の橘宗一とともに殺害された大杉栄の遺体は、井戸に放り込まれた。76年に発見された検死資料では、大杉に多数の暴行の痕《あと》があり、なぶり殺しにされたことが判明した。

甘粕はこの殺害事件によって懲役10年の判決を受けるが、3年の服役ののち出所する。そして甘粕は、満州へ渡航した。甘粕は満州協和会総務部長や満州映画協会理事という軍人とはかけ離れた職務につく。だが、その裏で日本軍とも通じていた。「満州は、昼は関東軍が支配し、夜は甘粕が支配する」とまでいわれていたという。東條英機がその権勢のバックアップをしていた説は濃厚である。甘粕は以前、直属の先輩としての東條英機に教えを請うていた。甘粕正彦が膝を負傷し、軍人としての将来を憂いていたときに、東條英機はこうアドバイスしたという。

「膝が悪くて戦地で通用しないと思うなら、憲兵になったらどうだ」

そして後年、満州で阿片《あへん》がらみの資金を東條に供与していたのではないかという疑惑も出てきた。戦後、ＧＨＱの質問に対し、軍の内情を次々と暴露した田中隆吉少将は以下のように断定している。

「甘粕は阿片を扱う満州専売局と密接な関係を持っていました。東條を支援するため、多額の金を提供することもしました」

甘粕は、敗戦を知った45年、青酸カリを飲んで自殺する。54歳だった。甘粕が阿片がらみの闇を知られることにうしろめたさを感じていた可能性は高い。カネと権力を手にし、満州の黒幕として暗躍した男に、軍人としての誇りがあったかどうかは、定かでない。（K）

言葉

「みなんしっかりやってくれ　左様なら」

服毒自殺直前に書いたメモ。「みなさん」を「みなん」と誤記したところに動揺がうかがえる。

最後の連合艦隊
司令長官

敗戦続きも敵味方問わず信奉
不運に泣かされ続けた「無冠の将」

小沢治三郎

海軍中将

おざわ・じさぶろう●1886年、宮崎生まれ。海軍大学校卒。水雷畑を歩むが、のちの航空兵力の重要性に着目。1941年、南遣艦隊司令。42年、第三艦隊司令。44年、軍令部次長。45年、連合艦隊司令。66年没。

1945年5月29日、もう敗戦まで3カ月もないという時になって、海軍中将・小沢治三郎は連合艦隊司令長官の座についた。連合艦隊司令長官とは言っても、このときの日本海軍にまともに動く戦闘艦艇はほとんど存在していなかった。小沢がなした司令長官としての一番大きな働きとは、8月15日以降になっても徹底抗戦を叫ぶ将兵たちの説得とさえいえた。

将としての小沢の来歴を振り返ると、そこから浮かんでくる言葉はまず「悲劇」「不運」といったものだろう。海軍内でもいち早く航空兵力の重要性を叫んでいた小沢は、対米開戦前、空母機動部隊の司令長官就任を取り沙汰された。しかし、結局は年功序列などの問題で、航空の専門家ではない南雲忠一にその座を奪われる。その南雲が大敗北を喫したミッドウェー海戦以降は空母部隊の指揮を任されるも、戦局の悪化はいかんともしがたく、数々の航空戦で苦杯をなめる。

特に44年6月のマリアナ沖海戦において、小沢は日本軍の航空機は米軍の航空機より航続距離が長いことに着目し、米空母部隊の攻撃可能範囲外から航空攻撃をしかける「アウトレンジ戦法」を提唱。自信満々で攻撃隊を送り出したが、レーダー兵器などを活用した米軍の前に一方的な惨敗を喫する。同年10月のレイテ沖海戦では、航空機を搭載しない空母を用いて「小沢囮《おとり》艦隊」なるものを編制。米軍の主力を、文字通り囮となって引きつけ、その間に日本海軍主力のレイテ突入を助けるという役回りを演じる（レイテ沖海戦は最終的に日本側の敗北に終わる）。

小沢の経歴には、このように負け戦が少なくなく、本人もマリアナ戦後には辞表を出した。だが軍上層部は、小沢を44年11月に軍令部次長の要職に抜擢。45年5月には連合艦隊司令長官までになる。小沢は「鬼瓦」というあだ名で呼ばれた容貌魁偉《かいい》な男で、尊大な部分もあったというが、しかし不思議な「将の器《うつわ》」を備えており、軍内に理解者、信奉者が多かった。それは敵側からさえもそうで、「小沢の記録は敗北の連続だが、そのなかに恐るべき可能性をうかがわせた」と言ったのは、アメリカ太平洋艦隊司令長官・ニミッツ元帥だった。時の運さえあれば、小沢こそ日本海軍最高の将だったとする声もいまだ少なくない。　（O）

言葉

「誰が戦争の後始末をするんだ。死んじゃいけないよ」

敗戦後、部下たちに自決を思いとどまらせようと小沢の言った言葉。

米軍が称えた「不屈の猛将」

「ルンガ沖夜戦」で大勝に導くも身内からは評価されず閑職へ

田中頼三

海軍中将

たなか・らいぞう●1892年、山口生まれ。海軍兵学校41期。海軍大学校には進まず、軽巡洋艦や駆逐艦の船乗りとして、生粋の「水雷屋」の道を歩む。ルンガ沖夜戦の後は、終戦まで舞鶴海兵団長などの閑職に。戦後は農業に従事しつつ、1969年に死去。

対米英開戦後、日本軍への反抗を企図する連合国が頼りにした根拠地がオーストラリアだった。これに対し日本軍は、オーストラリアへの直接侵攻は断念したが、代わりに「米豪遮断作戦」を提案。つまりアメリカとオーストラリアを結ぶ線の上にあるニューギニア、ソロモン、サモア、フィジーなどを占領する作戦である。そのための橋頭《きょうとう》堡《ほ》として日本軍が作戦初期の1942年7月に上陸したのが、ソロモン諸島のガダルカナル島だった。

しかし連合軍側はこの動きを見逃さず、日本軍の予想よりもはるかに早い42年8月からガダルカナル攻撃を開始。こうして43年2月まで続いたのが、太平洋戦線の大きなターニングポイントになったガダルカナルの戦いだった。42年11月30日夜、田中頼三率いる第二水雷戦隊が、夜陰に乗じながらガダルカナル島に迫っていた。同島にいる陸軍部隊に、まともな補給もできなくなった日本軍は、駆逐艦に補給物資を詰めたドラム缶を乗せて島の近海に投棄。それを陸軍部隊が拾って命をつなぐという、何とも急場しのぎな補給を行っていた。午後9時過ぎ、田中部隊は間近に米軍艦隊を発見。双方ともがお互いの存在に気づき、海域に緊張感が走る。田中の決断は素早かった。

「(ドラム缶の)揚陸《ようりく》やめ。全軍突撃せよ」

田中部隊は駆逐艦8隻。対する米軍は重巡洋艦4、軽巡洋艦1、駆逐艦6。圧倒的に米軍有利だったが、田中は突撃をためらわなかった。米軍に最も近い位置にいた駆逐艦「高波」が集中砲火を浴びるなか、残りの駆逐艦が日本海軍自慢の酸素魚雷を次々と発射。米重巡「ノーザンプトン」は轟沈。ほかの重巡3隻も大破する。日本軍も「高波」を失ったとはいえ、ソロモン海域における海戦において、ほとんどほかに例のない日本側の一方的な勝利だった。

ただ田中はこの後、左遷のようなかたちで第二水雷戦隊司令の職を解かれる。海軍上層部は、田中の乗った駆逐艦「長波」が戦闘部隊の陣頭に立っていなかったこと、また本来の任務である輸送作戦をおろそかにしたと言って非難したのである。ただ米国側からの田中評は非常に高く、米海軍少将でもあった歴史家のサミュエル・モリソンは、田中を「不屈の猛将」と称えている。（O）

言葉

「残らず部下の大活躍があったからだ」

戦後、ガダルカナル島ルンガ沖の武勲を問われて田中はそう言った。

冷静にして大胆
「ヒゲの提督」

「太平洋の奇跡」を成し遂げた
豪胆と細心をあわせ持つ名将

木村昌福

海軍中将

きむら・まさとみ●1891年、静岡生まれ。海軍兵学校41期。海軍大学校には進まず、主に水雷戦隊の現場を渡り歩いた叩き上げの提督。終戦時は海軍兵学校教頭兼防府通信学校長。1945年11月、最後に昇進した海軍中将に。戦後は製塩業を営み、60年没。

１９４２年6月に行われた米アラスカ州のアリューシャン列島攻略作戦は、本来同時期に行われたミッドウェー作戦の陽動作戦だった。北極海も間近のこの列島のアッツ、キスカ両島を占領した日本軍だったが、軍部はミッドウェーの敗北を隠すため、アリューシャンでの戦果を華々しく発表。まがりなりにもアラスカは「米本土」であり、その後も日本陸軍の守備隊が島を固め続けた。

しかし、43年に入って米軍が本格的な反抗作戦を実行し始めると、この「日本軍の占領する米本土」は米軍が優先して奪還する対象となった。同年5月13日、米軍の艦隊が1万１０００の米陸軍部隊を引き連れてアッツ島に来襲。約２６００の日本軍守備隊は奮闘むなしく同月29日に全滅する。

米軍は、次はキスカ攻略作戦を練っていた。キスカの日本軍守備隊は約６０００。大本営はアリューシャン列島の放棄を決定し、キスカの守備隊の撤退を命令した。しかしアッツの失陥によって、制空権、制海権はすでに米軍側に移っていた。海軍は軽巡洋艦や駆逐艦などの高速艦艇で一気にキスカまで突入し、守備隊を軍艦に乗せて高速で脱出する作戦を立案。木村昌福《まさとみ》少将率いる第一水雷戦隊にその命が下った。同隊には、日本海軍の駆逐艦としては例外的にレーダーを装備した新鋭駆逐艦「島風」も配備され、万全の体制で作戦にとりかかった。キスカ周辺海域は濃霧がよく発生することで知られており、それにまぎれて突入、脱出を図るという作戦だった。

しかし、キスカ突入日とされた7月12日、キスカ周辺に霧は発生しなかった。木村部隊は15日までキスカ近海で粘ったが、結局空は晴れ続け、木村は作戦決行を断念する。帰投した木村を待っていたのは「臆病者」という批判だった。しかし木村は意に介さず、気象情報に注目して、7月下旬に濃霧の発生する可能性を把握。果たして同月29日、見事に濃霧に包まれたキスカに木村部隊は突入し、守備隊を乗せて撤退作戦を完了させたのである。

翌8月15日、米軍の大艦隊がキスカに来襲。無人の島に延々と軍艦から砲弾を撃ち込んだ後、約3万4000の兵が上陸し、濃霧のなかで華々しい同士討ちを演じて約100人が死んだ。木村のキスカ撤退作戦はのちに「太平洋の奇跡」とまで呼ばれ、米軍からも高く評価された。(O)

言葉

「帰ればまた来ることができるから」

キスカ第一次突入作戦時、木村はそう言って部下をなだめ、撤退した。

海上護衛戦で苦杯をなめる

戦艦大和の特攻に「馬鹿野郎」と叫んだ海上護衛現場の苦労人

海軍大佐 大井 篤

おおい・あつし●1902年、山形生まれ。海軍大学校卒。アメリカ留学を経験した国際派で、対米開戦にも反対だった。第二遣支艦隊参謀や海軍省勤務を経て、43年に海上護衛総司令部参謀。94年没。戦後に書いた『海上護衛戦』は名著とされる。

そもそも論ではあるが、なぜ日本は対米英戦を始めたのか。

日本には石油や鉄鉱石などの地下資源がない。それが日本を取り巻く国際状況の悪化で、輸入が難しくなった。そのため南方の資源地帯を占領するべく、戦争を始めた――。これが対米英戦の理由である。南方で確保した資源は、どのように日本まで運ぶのか。当然の話ではあるが、それは軍艦ではなく非武装の民間商船が運ぶのである。日本と南方資源地帯の間の距離は長い。途中には敵の軍艦が待ち受けているだろう。そのためには、海軍が商船の護衛をしなければならない。この「海上護衛」が海軍の実に大事な任務であるということは、古今東西の常識である。

ところが日本海軍は開戦以降、日露戦争における日本海海戦のごとく、軍艦と軍艦が力比べをするような艦隊決戦こそが自分たちの主任務だと思い続け、海上護衛にほとんど関心を払わなかった。

言葉

「太平洋戦争という民族的悲劇は全く人災だった」

大井の軍上層部に対する恨みは非常に深かった。

結果、日本の資源輸送船は米軍に面白いように沈められる。さすがにあわてた海軍が「海上護衛総司令部」という専門部署をつくるのが1943年11月。その参謀として現場を取り仕切ったのが大井篤だった。しかし、海上護衛総司令部の設立時、すでに戦局は日本に徹底的に不利な状況となっていた。海軍の「本流」である戦闘部隊の艦艇も次々と撃沈されていくなかで、海上護衛総司令部に回される艦艇はどうしても二線級のものが目立った。海上護衛の実績はあまりあがらず、44年の終盤頃になると、ほとんど護衛すべき輸送船がなくなるという事態にまで陥る。

開戦前の日本は、船腹量の総計で約600万トンという、世界第3位の海洋国家だった。資料によってややばらつきがあるが、終戦までにこの約8割が沈んだことは確実だとされる。すべては海上護衛を軽視したツケだが、日本海軍は最後までこれに懲《こ》りなかった。

45年4月、戦艦大和が「海上特攻」として沖縄に向かう作戦が決行される。海軍上層部はそのための燃料として、海上護衛総司令部の割り当て分を削減。大井は「水上部隊の栄光が何だ。馬鹿野郎」と激怒。戦後になっても「日本が戦争で負けたのは大和・武蔵のせいだ」と公言。旧軍人たちからとことん嫌われたが、その主張は最期まで変わらなかった。（O）

特攻の“教祖”

山本五十六に重用された〝変人参謀〟の狂気

黒島亀人

海軍少将

くろしま・かめと●1893年、広島生まれ。海軍兵学校44期。海軍大学校卒業。39年に連合艦隊首席参謀に就任し、真珠湾攻撃や南方作戦をリードする。43年から軍令部第二部長として各種特攻兵器の開発に狂奔。65年、死去。

黒島亀人は、太平洋戦争開戦時における連合艦隊首席参謀であった人物。当時の連合艦隊司令長官・山本五十六による抜擢人事だった。黒島の才能を買っていた山本は、彼を4年にわたって連合艦隊首席参謀として処遇。これは当時の海軍において、異例ともいえる長さのことだった。

黒島は青少年時代から、風変わりな人柄の男として周囲に知られていた。山本五十六が評価していたのも黒島のそのような部分で、「黒島は柔軟な発想で奇策を思いつくし、目上に対しても物怖じせず発言するところがいい」と言って彼を重用。

一方、山本は大艦巨砲主義を唱え、海軍内の典型的な守旧派と思われていた宇垣纏《まとめ》連合艦隊参謀長を嫌い抜いていた。山本は本来、黒島の直属上官である宇垣を飛び越して、黒島にさまざまな指示を出し、連合艦隊は一時、この山本と黒島のコンビによって動かされていたともされている。

この山本・黒島コンビの最大の手柄といえるものが、１９４１年12月8日の真珠湾奇襲攻撃だった。開戦劈頭《へきとう》、アメリカ海軍の重要拠点であるハワイ真珠湾を奇襲しようとの策は山本の発案だったが、その細部を詰めていったのは黒島である。黒島はその当時、風呂にも入らず、ほとんど全裸のような姿で自室にこもり、ほかの雑用は無視して真珠湾奇襲の策を練り続けていたといわれている。規律に厳格な軍隊では本来許されない行動だが、山本はそれを笑って黙認した。そして、真珠湾奇襲は見事に成功。〝変人参謀〟といわれていた黒島の発言力は、ますます大きなものとなる。

しかし42年6月、これも黒島が中心になって立案されたミッドウェー作戦は無残なまでに失敗。黒島の名声にヒビが入り始める。そして黒島の後ろ盾だった山本が43年4月に戦死すると、彼の連合艦隊内での立場は完全になくなる。

黒島はその後、軍令部第二部長として現場を離れるが、その頃から彼の〝変人〟ぶりは〝狂気〟に変わろうとしていた。もともと黒島は「米国には相当な奇策を用いねば勝てない」と発言していたそうだが、そうして唱え始めたのが極端な特攻の推進で、小型自爆ボート「震洋《しんよう》」や人間魚雷「回天《かいてん》」も彼のプッシュで前線に投入された。これをもって黒島は「特攻の教祖」ともいわれている。（O）

言葉

「いま俺は宇宙、人間、生命の研究をしている」

戦後も生き続けた黒島は、戦時中のことを聞かれるとこう煙に巻いた。

親子2代の元帥

〝陸軍貴族〟として生まれ育った
無謀かつ強権的な司令官

寺内寿一

元帥陸軍大将

てらうち・ひさいち●1879年、山口生まれ。陸軍士官学校11期。陸軍大学校卒業。台湾軍司令官、教育総監、北支那方面軍司令官などを歴任し、41年11月に南方軍総司令官。南方作戦を指揮。43年に元帥。終戦後の46年に連合軍収容所内で病死。

太平洋戦争開戦直後から、36万にもおよぶ兵力を動員して行われた日本陸軍の「南方作戦」は、またたくまにシンガポール、インドネシア、フィリピンなどを制圧。大成功といっていいかたちで終わった。この南方作戦を統括したのが「南方軍」と呼ばれる組織で、開戦から終戦まで、そのトップをつとめていたのが寺内寿一だった。

寺内の父親は、戊辰戦争や西南戦争に従軍し、陸軍大臣や総理大臣もつとめた元帥陸軍大将・寺内正毅《まさたけ》。大日本帝国の軍人で、親子2代で元帥になったのは、皇族を除けばこの寺内父子のみである。そういう〝貴族的〟な生まれの割に、部下などの気持ちがよくわかる人柄だったとの評判がある一方で、やはり傲慢《ごうまん》、強権的な部分もある人物だった。

太平洋戦争開戦前の寺内の行動には、たとえば1936年の二・二六事件を利用して陸軍内の対立派閥の一掃を図ったり、国会での代議士の発言に「軍を侮辱するもの」と難癖をつけたり（「腹切り問答」、37年）といった、ある種の政治謀略のようなものが目立つ。

南方軍総司令官としての寺内の行動も、作戦が順調に進んでいた開戦当初はともかく、戦争末期になると「無謀」との声が軍内からあがっていたインパール作戦（44年）の実行を黙認したり、現地部隊は反対の意向を示していたフィリピンでのレイテ決戦（同年）を強行させたりと、無謀かつ強権的なものが目立つ。そうした作戦は次々に失敗し、南方戦線はズタボロになって崩壊していったのは周知の通りである。

寺内は、前述のレイテ決戦の開始当初はフィリピンのマニラにいて作戦全体を総覧していたが、戦局不利と見るや前線から遠いベトナムのサイゴンに逃亡。そこにあった旧フランス総督の豪邸で、日本から呼び寄せた芸者と遊びながら暮らしていたという。

終戦後、寺内は連合国軍に出頭を求められ、戦犯容疑で逮捕されるが、マレーシアのイギリス軍施設に収容中の46年に病死。そのまま生きていれば、南方作戦のなかで起きた捕虜虐待などの責任者として、死刑は不可避だったろうといわれている。（O）

言葉

「元帥は命令する！」

レイテ決戦に異をとなえる部下の山下奉文《ともゆき》大将を、寺内はこう一喝した。

愛の統率

〝地獄〟と呼ばれたニューギニアを耐え抜いて自決した仁義の将

安達二十三

陸軍中将

あだち・はたぞう●1890年、石川生まれ。陸軍士官学校22期。陸軍大学校卒業。第三十七師団長や北支那方面軍参謀長などを歴任。1942年に第十八軍司令官。終戦後、戦犯として無期懲役判決を受ける。47年9月、収容所内で自決。

「ジャワは極楽、ビルマは地獄、生きて帰れぬニューギニア」

太平洋戦争当時、日本陸軍の兵士たちの間で、そんな言葉が公然と語られていた事実があった。それほど、その戦争におけるニューギニアの戦いは苛酷だった。

当時、ニューブリテン島のラバウル基地を中心に展開されていた南太平洋での航空作戦を有利に進めるためにも、日本軍にとってニューギニア全島の制圧は必須の作戦だった。一方、連合軍にとってニューギニアの失陥は、オーストラリアという一大拠点の存立を脅かす事態であり、何としてでも避けねばならぬことだった。こうしてニューギニアをめぐる戦いは苛烈を極めた。

しかし、ニューギニアはジャングルに覆われた熱帯地域で、マラリアやアメーバ赤痢といった病原菌の巣。そのような苛酷な自然環境は、食糧や医薬品の補給体制が磐石でなかった日本軍のほうに、より厳しく襲いかかることとなった。ニューギニアで戦った日本軍将兵は約12万といわれているが、終戦後、無事祖国に戻れたのは数千に満たなかった。それくらいの〝地獄〟がそこにはあった。

ニューギニア作戦を担当した日本陸軍の部隊は第十八軍。司令官は安達二十三中将だった。十八軍将兵は決して弱兵ではなく、安達も愚将というような男ではなかった。結局は、戦線の無秩序な拡大と補給体制の貧弱さという、太平洋戦争において日本軍の敗因となった2大要因が、ニューギニアに非常に苛烈なかたちで作用したということである。十八軍の運命は、残酷にもほとんど最初から決まっていたような話だった。安達はそんななか、畑を開墾して自給自足の態勢を整え、現地住民との間にも極力友好な関係を形成して、終戦まで最低限の軍の陣容と規律を守りきったのである。そこで最ものをいったのが、安達の温厚な人柄であったとされている。当時から現在に至るまで、安達の行動はむしろ〝愛の統率〟などと評価され、彼を無能と批判する声はほとんどない。

終戦後、安達は戦犯としてオーストラリアのムシュ島で服役生活を送る。判決は無期懲役だったが、大部分の部下が復員し、最後まで拘留されていた部下の釈放が決まった47年9月、彼はニューギニア戦の責任を取るべく、隠し持っていたナイフで自決した。（O）

言葉

「再び祖国の土を踏まざることに心を決したり」

戦死者たちと運命をともにしたいと遺言し、安達は自決した。

インパールの良心

圧倒的不利な戦場において驚くべき粘り強さを見せた名将
宮崎繁三郎
陸軍中将

みやざき・しげさぶろう●1892年、岐県生まれ。陸軍士官学校26期。陸軍大学校卒業。参謀本部や情報機関でのキャリアが長かったが、インパール作戦やビルマ戦線で特筆すべき活躍を見せる。終戦後は陶器小売店を経営し、65年に死去。

1944年3月に始まったインパール作戦は、太平洋戦争における日本陸軍の作戦のなかで最も愚劣なものとして知られる。第十五軍司令官・牟《む》田口《たぐち》廉也中将の、功名心にはやった、ほとんど補給無視の独断専行的な作戦が強行された結果、参加兵力約9万のうち2万人近くが戦死。そのほか飢餓による戦病者などは数知れず、第十五軍はほぼ壊滅状態になって敗北した。

この作戦のなかで特に有名なエピソードが、第三十一師団の〝独断撤退〟である。同師団長・佐藤幸徳《こうとく》中将が、前線にほとんど補給物資を届けない第十五軍に怒って、命令無視のかたちで勝手に前線から離脱するという、軍隊としてはあってはならない出来事が発生したのである。

それくらい、このインパール作戦というものが無茶苦茶な作戦であったということを示すエピソードなのだが、このとき佐藤中将が、師団主力の安全な撤退のために最前線に残って敵の攻撃に耐え続けろとの命を下したのが、三十一師団の歩兵団長・宮崎繁三郎少将だった。宮崎はわずかな部下を率い、巧妙な遅滞戦術を展開して数週間もの時間を稼ぐことに成功。こうして三十一師団の多くの将兵が、無謀な作戦による死を免れた。

宮崎は少将という高級軍人でありながら、自分の食糧を末端の兵士たちに配り分け、負傷兵が出ればみずから担架を担いで部下たちを励ました。また戦死者は必ず埋葬し、遺体を戦場に放置することを厳に禁じたという。こうした宮崎の態度はのちに「インパールの良心」と呼ばれ、そんな彼の人格が〝地獄の戦場〟で多くの将兵を励まし、三十一師団の撤退成功を実現させたとされている。

なお宮崎は、39年に満州・モンゴル国境で起こったソ連軍との紛争・ノモンハン事件でも、歩兵第十六連隊長として奮戦。同事件における「唯一の勝利戦指揮官」という評価もある。また45年7月という、ほとんど終戦直前の時期にビルマで始まったシッタン作戦には第五十四師団長（中将）として参加。もはや〝戦闘〟とも呼べない一方的不利の状況で展開する戦いのなかで、それでも粘り強く防衛戦を貫き通した。常に不利な状況のなかで驚くべき粘り強さを見せた指揮官として、現在では宮崎を日本陸軍第一の名将とする声も高い。　　（O）

言葉

「持ちこたえて世界記録をつくろう」

宮崎は劣勢の中、部下たちをこう言って励ましていた。

第五章　悔恨

「敗戦処理」を託された男

鈴木貫太郎

海軍大将

天皇に頼まれ総理に就任 「ポツダム宣言」受諾の舞台裏

すずき・かんたろう●1868年、大阪生まれ。98年、海軍大学校卒。ドイツ駐在を経て、1914年に海軍次官、23年に海軍大将。25年に軍令部長。29年、昭和天皇の侍従長に。昭和天皇の信頼は厚かったが、青年将校からは「君側の奸」と見なされ、二・二六事件で襲われ重傷。45年、総理に就任し終戦に奔走する。48年に死去。

鈴木貫太郎は海軍軍人として、日清・日露に従軍した。日清戦争に従軍したのは26歳。そして1904年の日露戦争は36歳。軍人として脂が乗り切ったときだった。日露戦争では東郷平八郎のもと、第五駆逐隊司令として「高速近距離射法」を実践し、バルチック艦隊に圧勝する。これは夜間に敵艦ギリギリまで接近して魚雷を発射するという方法だが、高度な技術と判断力を必要とするため、作戦前に厳しい訓練が行われた。鈴木貫太郎が部下に課した訓練があまりに厳しかったことから、「鬼の貫太郎」というアダ名をつけられることにもなった。日露戦争後は海軍教官もつとめ、戦術の研究にも取り組む。14年には46歳で海軍次官をつとめ、23年に54歳で海軍大将となり、25年には軍令部長としてトップに立った。

鈴木貫太郎は、エリート軍人として順調な出世街道を歩んだ。だが、29年、還暦を迎えたときに、鈴木の運命を左右するめぐり合わせが起きる。侍従長への就任要請だ。あまり乗り気ではなかったが、鈴木はこれを引き受けた。要請には、昭和天皇の意向もあったという。

侍従長としての職務へ誠実に取り組み、鈴木は昭和天皇の信頼をさらに得ていく。だが、これが鈴木を命の危険にさらすことになった。

青年将校の襲撃

36年、青年将校が決起する。二・二六事件の発生だった。天皇を囲い込んでその権威を利用し、権勢をほしいままにしている「君側《くんそく》の奸《かん》」を討つべく、青年将校たちは決起した。

鈴木貫太郎は「君側の奸」と見なされていた。巧言《こうげん》をもって天皇に取り入り、私利私欲に走っている者のひとりとされたのだ。

早朝、麹町三番町にある侍従長官邸に、安藤輝三が率いる一隊が押しかけた。鈴木は3発被弾し、倒れた。あたりは血の海になった。しかし一隊が引き上げた後、血まみれの鈴木はみずから体を起こした。意識ははっきりとしていて、医者がかけつけたときも「私は大丈夫です。(天皇に) ご安心をと伝えてください」と気丈に話した。しかし、ほどなくして意識を失った。医師による懸命の治療の結果、なんとか一命を取りとめる。

失敗に終わった二・二六クーデターで、多くの青年将校らが死刑となるなか、鈴木は健康を回復し、40年には枢密院副議長、44年には議長の職をつとめる。鈴木は76歳になっていたが、まったく衰えを見せず職務へ取り組んだ。その間、日本は対米戦争に突き進んでいく。

天皇陛下の右後方が侍従長時代の鈴木貫太郎
（写真／共同通信社）

敗色濃厚な空気のなかで

そんな鈴木に、またも重責が回ってくる。戦況が悪化し敗色濃厚な45年に行われた重臣会議で、総理大臣就任を要請されたのだ。辞職した小磯国昭の次に総理をやれる人材は、鈴木をおいてほかになかった。何より天皇に信頼されているという事実があった。総理経験者の若槻礼次郎、岡田啓介、近衛文麿《このえふみまろ》、平沼騏一郎《きいちろう》が鈴木の総理就任を推挙した。東條英機は同じ陸軍の畑俊六を推したが却下され、重臣会議は鈴木という結論を出した。

またも乗り気ではなかった鈴木だったが、天皇にも「頼むから承知してもらいたい」と言われ、総理を引き受ける。そして同年4月7日、鈴木貫太郎内閣が成立した。7月26日にはポツダム宣言が出される。米英は日本に無条件降伏を突きつけてきたのである。

鈴木貫太郎は迷った。拒否をすべきか、受け入れるべきか。陸軍強硬派は断固拒否しろと圧力をかけてきていた。そうこうしているうちに「鈴木総理はポツダム宣言を黙殺・拒否」という報道が出てしまう。このときに明確な判断ができなかったことを、のちに鈴木は悔やんだ。

8月6日、9日、広島と長崎に原爆が投下される。新型爆弾の壮絶な威力は、ただでさえ弱っていた国民の戦意を、一気に喪失させた。

鈴木は聖断を仰ごうと決意する。天皇の名のもとで始まった戦争は、天皇が終わらせることしかできない。鈴木の前で、天皇はポツダム宣言の即時受諾を表明した。

8月15日早朝、継続派軍人や右翼が総理官邸と小石川の鈴木邸を急襲するが、間一髪逃れる。そして正午、玉音放送が流れた後、鈴木内閣は総辞職した。それから2年半後の48年4月に、肝臓がんで死去。80歳だった。鈴木の遺灰の中からは、二・二六事件の際の銃弾が見つかったという。（K）

言葉

「私が一億国民諸君の真っ先に立って、死に花を咲かす。国民諸君は、私の屍を踏み越えて国運の打開に邁進されることを確信いたします」

総理就任の際に述べた。だが、敗戦処理になるとは思ってもいなかっただろう。

ルバング島の残留日本兵

終戦から30年、フィリピン密林で戦い続けた情報将校の孤闘と生還

小野田寛郎

陸軍少尉

おのだ・ひろお●1922年、和歌山生まれ。久留米第一予備士官学校入校後、抜擢されて陸軍中野学校二俣分校で学ぶ。44年12月、第十四方面軍に配属されルバング島で遊撃戦を展開。終戦後もジャングルで孤戦を続けた。74年、帰国。2014年、91歳で死去。

１９７４年3月12日。終戦から30年近くを経たこの日、一人の元日本軍将校が羽田空港のタラップを降りた。すでに五十路《いそじ》を超す高齢であったが、彼は数日前までフィリピン・ルバング島の密林で遊撃戦を続けていたのだった。

彼の名は小野田寛郎。陸軍中野学校卒、最終階級予備少尉の情報将校であった。

小野田寛郎は１９２２年、和歌山県に生まれる。44年、久留米第一予備士官学校入学後、成績優秀として陸軍中野学校二俣分校に推挙された。

中野学校は情報戦・諜報戦の特殊任務を教育する〝日本のスパイ養成所〟として有名だが、秘密機関でもあったために全貌が明らかになるのは１９６０年代になってからである。

小野田が入校した二俣分校は44年、本土決戦をにらんで遊撃戦の教育に特化して設立されたもので、小野田はわずか2カ月の受講ののち、同年12月、第十四方面軍に配属されフィリピンで残置諜者（敵地内に残留し情報収集する）・遊撃指揮（ゲリラ戦指揮）の任を受けルバング島へ飛ぶ。

当時のフィリピンはレイテ決戦の惨敗を経て司令部（司令官・山下奉文《ともゆき》）が山間部に移転、「自活自戦、永久抗戦」の方針で作戦が展開されていた。戦局は絶望的に不利であったが、小野田は方面軍参謀部・谷口義美少佐より「部隊が玉砕するとも、君らは残置諜者として生きよ」との命令を受ける。

かくして45年2月、小野田少尉指揮下の遊撃隊約40人がルバング島に上陸する。

圧倒的戦力の米軍は3月1日よりルバング島侵攻、掃討作戦を展開し、同島守備の任にあった早川少尉指揮下の臨時歩兵第二小隊はわずか3日間で全滅した。それでも小野田部隊はジャングルにとどまり、作戦妨害・後方撹乱《かくらん》などの遊撃戦を続けたのである。

戦後30年の遊撃戦

45年8月、終戦の日がやってくる。小野田はラジオで敗戦の報を聞いたと言うが、命令解除を受けていない部隊はなお密林の奥深く潜伏を続けた。その後米軍の勧告に一人、また一人と投降し、46年2月末の日米共同工作によって31人が投降した。

これによりルバング島に残置したのは小野田、島田庄一伍長、赤津勇一、小塚金七一等兵の4人

帰国後に移住したブラジルで、小野田は牧場経営を成功させた
（写真／共同通信社）

のみとなった。50年に赤津が投降し、翌年、帰国した彼の証言により3名の日本兵が同島に残留していることが判明。54年、フィリピン山岳部隊と残留日本兵が遭遇し島田伍長が射殺され、その後幾度もルバング島内で地元民と残留兵の衝突・殺傷事件が報告される。72年には国警軍との交戦により小塚一等兵が射殺され、小野田寛郎はたった一人になるが、胸に復讐の炎を燃やし、密林の穴ぐらに潜み、自生する芋や木の実を食べて生き延び、遊撃戦を続けた。

残留日本兵はルバング島民にとって厄介《やっかい》な存在であった。彼らが潜伏して以降、同島内で日本兵によると思われる殺傷・放火・窃盗などが60件以上発生していたからだ。

72年の交戦を機に、フィリピン軍は大規模な捜索を開始。また日本政府も調査団を派遣して小野田に投降をよびかけた。

「永久抗戦」の呪縛から解かれ

74年2月、日本人青年・鈴木紀夫が小野田寛郎と接触に成功と報道され、日本国内が衝撃と歓喜に沸き返る。同年3月、政府派遣団が救出作戦を開始、同9日、ついに同島中央部のワカヤマポイントに小野田寛郎は姿を現す。捜索隊に同行した戦時の上官・谷口義美がその場で任務解除命令を下達《かたつ》。小野田はようやく「永久抗戦」の呪縛から解かれた。

帰国の日、小野田寛郎は凱旋将軍のような歓呼で迎えられた。記者会見で日本の敗戦を告げられた心境を聞かれると、彼はしばし沈黙しこう語った。

「立派な国になってくれればいい。勝敗のことは、一切考えないようにいたします」

帰国からわずか半年で小野田は次兄の住むブラジルへ移住した。高度成長を果たした日本の生活になじめなかったためといわれている。その後ブラジルと日本を往復しながら野外活動講座「小野田自然塾」を開設、ボランティアなどの育成に尽力した。晩年は東京に在住し、保守派論客として精力的に講演活動を行った。

2014年1月16日、肺炎のため都内の病院で死去。享年91であった。（F）

言葉

「上官の命令を守っただけ。英雄などでは決してない」

戦後の日本人に「命令」の言葉の重みは一石を投じた。

最後の参謀

瀬島龍三

陸軍中佐

参謀本部に「闇」はなかったのか 沈黙の参謀に残る「ソ連スパイ説」

せじま・りゅうぞう●1911年、富山生まれ。陸軍士官学校44期、陸軍大学校卒。戦時中は参謀本部、大本営で参謀として勤務。日本軍の主要な作戦に関わり続ける。45年、関東軍参謀。ソ連軍の捕虜となり56年まで抑留。戦後は伊藤商事に入社し、78年に会長。2007年没。

終戦直後に満州でソ連軍の捕虜となった関東軍参謀・陸軍中佐の瀬島龍三が、長いシベリア抑留を経て帰国したのは、1956年のことである。もうGHQによる占領も終わっていた頃で、「もはや戦後ではない」という言葉で有名になった経済企画庁の『経済白書』が発表された年でもある。それだけの長い年月、瀬島はシベリアで過ごしていた。

瀬島は陸軍士官学校を次席で、陸軍大学校を首席で卒業したエリート軍人で、対米戦の最中はほとんど参謀本部、大本営の中で作戦参謀として過ごした。階級こそ少佐、中佐で、大きな決定権を持っていたわけではないが、ほとんどの重要な作戦の立案・指導に関わっていたといっていい。

瀬島は戦後に日本へ帰ってきた後は伊藤忠商事に入社し、そこで会長にまで上り詰めた経済人となったので、マスコミのインタビューなども受けたし、晩年には自伝も執筆している。しかしそれらのほとんどは、「結局重要なことは何も打ち明けていない」ということで有名で、ついに彼は日本の近現代史に関する重要な秘密を抱えたまま、2007年に95歳で大往生を遂《と》げる。

ソ連スパイ説

特に重要なのは、やはりシベリア抑留に関することである。

日本が敗北する直前の45年8月9日に、ソ連は突如として日本へ宣戦布告。満州へなだれ込んできたソ連軍に、関東軍はなすすべもなく敗北、降伏する。ソ連はそこで得た日本人捕虜をシベリアへ送り、その地を開拓するための強制労働に従事させる。日本が連合国へ降伏する際に受諾したポツダム宣言には、「降伏して武装解除された日本兵は各自の家庭に戻れる」との条項があり、ソ連の措置は確実にこれに違反するものだった。シベリアに抑留された日本人は、資料によってばらつきがあるが、50万人とも200万人ともいわれる。長期間の人で日ソ共同宣言が結ばれる56年まで働かされ（瀬島もこの年まで抑留）、5万人とも30万人ともいわれる日本人が死んだ。

たしかに当時のソ連は、独裁者・スターリンが統治する国際法などお構いなしの乱暴国家である。しかし、なぜここまで明らかな犯罪行為である抑留を、このような規模で平然と行うことができたのだろうか。それは、関東軍上層部とソ連の間にあった密約のせいだとする声が、根強く存在する

瀬島は東京裁判ではソ連側の証人としてソ連に有利な証言をした
（写真／共同通信社）

のである。つまり関東軍上層部の保身か、もしくは何らかの政治的な事情などによって、関東軍はみずからの将兵を、ソ連軍に労働力として差し出したのではないかという疑惑である。そしてその密約が結ばれた際の中心人物こそが、瀬島だったのではないかとされているのだ。

瀬島は帰国後、「そうした密約は存在しない」と一応語っているが、密約の存在を疑う人々から出る細かい疑問に詳細に答えているわけではなく、謎は多いとされている。

また瀬島は抑留中の46年、東京裁判にソ連側の証人として出廷。「ソ連が戦争の最終盤で日本へ宣戦布告したのは、そもそも日本側にソ連侵略の野心があったからだ」とする、ソ連側に都合のいい主張を裏付けるための証言を行っている。「瀬島はシベリア時代、『共産党万歳！』といった発言を行っていた」とする証言や、また日本帰国後、ソ連の諜報機関であるKGBの関係者と接触していたなどという話もあり、瀬島の「ソ連スパイ説」は今でも根強く語られている。

しかしながら前述の通り、瀬島はそれらの疑惑にほとんどまともに答えなかったため、すべては闇の中としかいいようがない。また瀬島には、大本営の参謀として陸軍の中央で勤務していた間にも、「日本軍不利」の戦局情報を意図的に握りつぶしていた、といった疑惑がもたれているが、これにもはっきりとは答えていない。

伊藤忠を大商社に

前述の通り、戦後日本へ帰国した瀬島は、商社の伊藤忠へ就職した。伊藤忠はもともと繊維関係を専門とする商社で、いわゆる「総合商社」ではなかった。瀬島はそれを、参謀本部をモデルにしたともされる「瀬島機関」なる直属チームを率い、現在の巨大総合商社に育て上げたといわれている（もっとも本人は晩年、「瀬島機関なる存在はマスコミの作り話だ」と語っていた）。

戦後の瀬島は経済人としての顔以外にも、亜細亜大学理事長、千鳥ヶ淵戦没者墓苑奉仕会会長、太平洋戦争戦没者慰霊協会名誉会長などの公職を歴任。2007年まで生きたが、何度も繰り返すように、戦争にまつわる重大事はついに語らなかった。（O）

言葉

「用意周到、準備万端、先手必勝」

伊藤忠時代はこのような言葉をスローガンとして部下を励ましていた。

慎みある「海軍男」の代表格

「戦犯」に問われなかった元首相
東京裁判で見せた〃大将の器〃

米内光政

海軍大将

よない・みつまさ●1880年、岩手生まれ。1901年、海軍兵学校卒。ヨーロッパ駐在を経て「陸奥」などの艦長を歴任。14年、海軍大学校卒。37年、海軍大臣。同年、大将。40年に半年間首相をつとめる。44年、幣原内閣で海軍大臣に再任。48年に死去。享年68。

米内光政は24歳のとき日露戦争に従軍する。その後も順調に出世を重ね、海軍大学校の甲種として学んだ。甲種とは実務経験を積んだ者のなかから選抜されたエリートである。

1915年から2年余りロシアに駐在し、17年にロシアの2月革命を目《ま》の当たりにする。その後、ドイツやポーランドにも駐在し、国際感覚を養う。もともと読書家で博学だった米内は、駐在キャリアにより文官的な感性にも磨きをかけていった。

39年、海軍大臣だった米内は日独伊三国同盟に反対する。山本五十六次官、井上成美《しげよし》軍務局長も米内に同意して反対し、この3人は「条約反対三羽ガラス」といわれていたという。ドイツ・イタリアと敵対する英・米・ソ連を相手に戦争となった場合、勝てる見込みがないという判断があったからだ。また、軍人は政治に深く食い込むべきではないというのが持論だった。主たる陸軍軍人たちが軍政に積極的だったのに対し、米内は苦々しく思っていた。

43年、盟友だった山本五十六がソロモン諸島で戦死したとき、米内は国葬委員長をつとめる。米内と山本はどちらも女性にモテモテで交流も深く、ともに芸者遊びをする仲だったという。昭和天皇からの信頼も厚かった。40年、首相に就任することになったのは、天皇の意向でもあった。戦後、天皇は米内をねぎらって、金蒔絵《きんまきえ》のついた私物の硯箱《すずりばこ》を手渡し、米内は落涙したという。

敗戦後、米内は自分も戦犯に問われるだろうと考えていたが、訴追対象にはならなかった。その代わり東京裁判では、A級戦犯として起訴された畑俊六の罪状を問う場面で、検察側に質問される。米内は「わかりません」「知りません」とおトボケ証言を連発し、畑を擁護した。ウェッブ裁判長は「こんな愚鈍な首相は見たことがない」とイラ立ちをあらわにした。

ちなみに畑は終身禁錮の判決だったが、6年で出所する。畑はのちに「同僚を擁護する武将の襟《きん》度《ど》（度量のこと）は、真に軍人の鑑《かがみ》とすべくこの一事は米内大将の高潔な人格を表象して余りあると信じる」と、米内への感謝の気持ちを述べている。健康面が思わしくなかった米内は、東京裁判がまだ続いていた48年4月、肺炎により死去。68歳だった。

（K）

言葉

「寝たふりを　しても動くや　猫の耳」

米内の一句。どんな状態でも周囲の様子をしっかりとうかがっている敏感な猫に、自分を重ねあわせていたのかもしれない。

最後の「海軍大将」

文官に通じる知性と感性
暴走する陸軍に警鐘を鳴らす

井上成美

海軍大将

いのうえ・しげよし●1889年、宮城生まれ。1909年、海軍兵学校卒。16年、海軍大学校乙種に進学。スイス、フランス駐在を経て、24年、海軍大学校甲種卒。27年、イタリア大使館に武官として勤務。44年に海軍次官、45年に大将。75年に死去。享年86。

山本五十六、米内《よない》光政と並び、井上成美《しげよし》は海軍の良識を代表する人物として評価が高い。３人そろって日独伊三国同盟に反対したことでも有名だ。山本・米内・井上、それぞれ違う最期を迎えたことによって、強い個性が際立つ。ただ、井上が山本・米内と違うのは、女好きではなかったところだろう。井上は女性に対してきわめて禁欲的であった。

井上は１９１８年、スイス駐在時にドイツ語をマスターし、21年フランス駐在時にフランス語を学ぶ。学生時代に身につけた英語だけでなく、大尉時代には複数の言語を自在に使えるようになった。井上の大局を見る国際感覚は、幅広い語学が養ったものかもしれない。35年、横須賀の鎮守府参謀長時に、米内光政が司令長官だった。井上が米内との信頼関係を築いたのはこの頃だった。

40年、井上が反対していた日独伊三国同盟が締結される。井上が強く反対していた理由のひとつに、ドイツの独裁者・ヒトラーの著書『わが闘争』を読んでいたことが背景にある。ヒトラーは『わが闘争』のなかで「日本人は劣等民族。ただ、日本人は小器用なので、わが国（ドイツ）にとって利用価値はある」というマキャベリズム的な分析を書いていた。日本人を侮辱しているドイツ＝ヒトラーと同盟関係を結ぶことに反対したのは当然だろう。

44年、米内が海軍大臣になり、井上は海軍次官就任を要請され就任する。45年4月、昭和天皇の意向もあり、井上は大将となった。しかし、大将昇進に乗り気でなかった井上は「負け戦　大将だけは　やはりでき」という自虐的な句を詠んだ。結果的に井上は、海軍の最後の大将となる。また、米内に対し、「一日も早く戦《いくさ》をやめましょう。一日遅れれば、何千何万の日本人が無駄死にするのですよ」と迫った。

敗戦を迎え、横須賀に引きこもった井上は、53年に軍人恩給が復活するまで貧窮生活だった。英語塾の教師でささやかな月謝を得て、なんとか糊口《ここう》をしのいでいた。同情した近所近隣から食物を譲ってもらうような生活。80歳を目前にした頃、戦中戦後の自分を支えたのは「ラディカル・リベラリズム」だったと語っている。86歳で死去するまで、井上の信念に揺らぎはなかった。（K）

言葉

「一日も早く戦をやめましょう。一日遅れれば、何千何万の日本人が無駄死にするのですよ」

海軍次官のとき、海軍大臣・米内光政にこう言って詰め寄った。

緒戦の航空戦で大戦果

海軍大将 塚原二四三

航空畑一筋〝隻腕《せきわん》の司令官〟もうひとりの「最後の海軍大将」

つかはら・にしぞう●1887年、山梨生まれ。1914年、海軍大学校入学。21年、横須賀海軍航空隊付に任じられて航空に転ずる。38年、第一連合航空隊司令官。39年、中将。42年、航空本部長。44年、軍令部次長兼軍事参議官。45年5月、大将。66年に死去。

1930年代になると戦時における航空戦術が発達、各部隊に新規の航空部隊が新設されてゆく。ことに陸上飛行場を基地とした航空機による敵地空襲は戦術上重要度が増した。こうした時代に塚原二四三は航空畑一筋の司令官として重用され、太平洋戦争緒戦のジャワ侵攻作戦において大きな戦果をあげた。

38年、海軍において最初の陸上攻撃部隊である第一連合航空隊司令官に任ぜられ、翌年中国・漢口に司令部を置く。このとき、行事のために部隊が集結していたところへ中国軍の奇襲爆撃があり、直撃された塚原は左腕を失っている。重傷だったが半年間の療養で回復した塚原は、隻腕義手の司令官としてマレー攻略の航空支援部隊である第十一航空艦隊司令長官に着任する。塚原の指揮下となる航空兵力は陸上攻撃機288、艦上戦闘機224、偵察機60、飛行艇24、艦上攻撃機126という大部隊であった。この第十一航空隊が大戦果をあげるのは42年に始まるジャワ沖海戦である。同隊は当時ボルネオ島東部パリックパパンに駐留、ジャワ周辺の制空権を確保せんと猛攻を展開する。

「2月3日、4日、全力をあげジャワ東部の敵航空兵力を撃滅する」

塚原はそう作戦命令を発令した。

2月3日、スラバヤ、マラン、マジュン等の敵基地を撃破。敵機撃墜62機、大破24機、地上基地破壊などの大戦果をあげる。塚原部隊の損害はわずか5機であった。続いて4日には太平洋上で発見した敵艦隊を爆撃、アメリカの重巡洋艦ヒューストンほか数隻を大破させた。5日にはバリ島デンパサール、ジャワ島スラバヤの敵飛行場を攻撃、地上施設の破壊および残存航空機の破壊に成功する。こうした戦果により、ジャワ方面への侵攻は順調に進んでいったのだった。

塚原は大戦果により功名をなしたが、42年10月、マラリアに罹《かか》り内地帰還を余儀なくされ、第一線から退くことになる。内地では航空本部長から軍令部次長に昇格。44年には海軍の統括機関である横須賀鎮守府司令長官となり、45年5月、海軍大将に昇進。井上成美とともに最後の海軍大将となった。66年1月10日、東京都世田谷区の自宅で死去。享年78であった。（F）

言葉

「全力をあげジャワ東部敵航空兵力を撃滅する」

緒戦において塚原は大戦果をあげ続けた。

ドイツ潜水艦「U511」で帰国

アドルフ・ヒトラーが寄贈した幻の「Uボート」2隻との関係

野村直邦

海軍大将

のむら・なおくに●1855年、鹿児島生まれ。1920年、海軍大学校卒。22年より2年間、ドイツ大使館付武官として駐留。この間も潜水艦研究を続けた。40年、三国同盟軍事委員として欧州へ派遣。44年3月、海軍大将。同年5月、海軍大臣に就任。73年死去、享年88。

野村直邦は海軍大学校卒業後から第一潜水隊参謀をつとめた潜水艦のエキスパートである。またドイツ語も堪能であり、北支方面海軍最高司令官を経て１９４０年12月に日独伊三国同盟の軍事委員としてヨーロッパへ派遣された。野村はアメリカ参戦阻止の調整に腐心したというが叶《かな》わず、三国同盟は締結され、ドイツとの作戦協力のため日本はまず錫《すず》、タングステン、生ゴムなどの南方産物資を載せた伊八型潜水艦をドイツに派遣した。この輸送作戦への返礼として、アドルフ・ヒトラーはインド洋上での通商破壊作戦を行うことを条件に、2隻のドイツ潜水艦を日本に寄贈する。「Ｕ５１１」と「Ｕ１２２４」である。野村はかねてより潜水艦に乗務しての帰国を望んでおり、ヒトラー寄贈のドイツ潜水艦「Ｕ５１１」での帰国は願ったり叶ったりであった。

しかし、その帰路は困難なものであった。43年5月10日、ドイツ人乗務員とともにドイツ占領下フランスのロリアン基地を出発したU511は、フランス西側のビスケー湾を出るまではレーダーを完備した敵艦の機雷攻撃に耐えねばならなかった。インド洋に入ってからは波浪による横揺れと減速に悩まされている。約2カ月後、U511はマレー西部ペナンに到着。野村はここで艦を降り、空路で日本を目指す。その後、U511は無事危険水域を通過し、8月中旬、呉《くれ》軍港へ到着した。

ちなみに、U1224は日本人乗務員（乗田貞敏中佐艦長）によって44年2月にドイツ・キール軍港を出発しているが、同年5月、北太平洋で米駆逐艦に遭遇し消息を絶っている。

日本に引き渡されたU511は「呂500」と命名され造艦技術の調査が進められた。海軍はこのドイツ艦をベースに国内で潜水艦を量産する目算であったが、金属材料の不足、工作機械の不備、構造上の弱点の発覚などにより不可能とわかった。一方で電気溶接や防振技術など、学ぶ面も多かった。同艦は終戦直後、土佐沖に沈められたという。こうした勲功を受けて、野村直邦は44年3月に海軍大将昇進、7月17日には東條内閣の海軍大臣に任ぜられた。しかし東条内閣は同22日に総辞職しており、野村の海軍大臣就任期間はわずか5日間であった。このため戦後の東京裁判ではA級戦犯の対象から外され、公職追放にとどまった。73年12月12日、心筋梗塞で死去。享年88。（F）

言葉

「戦いの勝敗は、実に時の運である」

73年まで生きた野村は大戦をこのように総括した。

著作における
毀誉褒貶

坂井三郎

海軍中尉

〝撃墜王〟の実像と虚像「大空のサムライ」の戦後

さかい・さぶろう●1916年、佐賀生まれ。33年、佐世保海兵団入団。第38期操縦術練習生を首席で卒業。38年、航空隊に配属後、戦闘機乗りとして43年まで各地を転戦。45年、中尉。戦後、著書『大空のサムライ』がベストセラーに。2000年に死去。享年84。

坂井三郎が戦後に出版した著作『大空のサムライ』は１９７２年、ベストセラーとなった。内容は坂井が海軍で戦闘機乗りだった時代の活躍ぶりや生き様を記したもので、ベースとなっているのは終戦8年後の53年に出版された『坂井三郎空戦記録』である。

これが脚色され翻訳された『ＳＡＭＵＲＡＩ』は世界的なベストセラーとなった。戦闘機乗りによる実際の空中戦体験記は、幅広いメディアに取り上げられ、坂井はある種のカリスマ的な立場になる。

だがのちに、この本に対してはさまざまな批判が出た。書かれている内容に関して、複数の研究者が検証した結果、事実と異なる部分が多々あり、純粋な意味でのノンフィクションではないとされている。出撃２００回というのはあり得ず、また、撃墜64機という数も事実ではなかった。そして、ゴーストライターの存在も指摘されることになった。しかし、坂井本人はゴーストライターの存在を否定している。

41年にB－17爆撃機を撃墜したという話も、事実ではなかった。その日、坂井が出撃したのは事実だったが、搭乗員の記録に彼の名前はなかったのである。

教官をやっていた時代には、坂井のことを好ましく思っていなかった者もいた。坂井が空戦に挑んでいた時代と、大戦末期では激戦の度合いが違っていたという。

また、軍隊時代の部下だった内村健一が始めたネズミ講「天下一家の会」に、坂井が参加しているという事実もあった。坂井は、軍隊時代の部下たちを次々と勧誘していったという。

76年には『大空のサムライ』が映画化されたが、この製作資金の提供をしていたのも天下一家の会だった。ちなみに坂井三郎役を演じたのは、藤岡弘（現・藤岡弘、）だった。

佐世保海兵団に入る前、少年時代の坂井は、素行不良で青山学院中学を退学処分となっている。もともとヤンチャで奔放な性格であり、だからこそ大空を駆け巡る戦闘機乗りとして能力を発揮したのだろう。しかし、戦後は少しばかりハメを外しすぎたかもしれない。（K）

言葉

「自分の時代にも若いやつは駄目だと言われたもんだ」

「朝まで生テレビ」に出演したとき、若者論の一環としてこう言った。

「インパール作戦」の主導者

牟田口廉也

陸軍中将

ただひとり遂行を強硬に主張 〝無謀すぎる作戦〟決断の背景

むたぐち・れんや●1888年、佐賀生まれ。1917年、陸軍大学校卒。36年、支那駐屯の連隊長時に盧溝橋事件。40年に中将。44年、第十五軍司令官となり、インパール作戦の中心人物に。45年、戦犯容疑で逮捕されるも、48年に釈放され帰国。66年、77歳で没。

イギリス領インド軍に挑んだインパール作戦（1944年）によって死んだ日本軍人は、2万人とも3万人ともいわれている（諸説あり）。飢餓が原因による死者も多かった。この作戦を現場で主導したのが、牟田口廉也である。

インパール作戦には、当初から疑問の声が上がっていた。作戦を遂行すると言い張る牟田口に対し、小畑信良少将は物資補給ができないなどの理由で反対した。しかし牟田口は小畑を解任。また、河辺正三中将も作戦に当初は賛同しなかった。計画・演習の時点で、竹田宮恒徳王《たけだのみやつねよしおう》大本営参謀も「無茶苦茶な積極案だ」と言ったとされる。牟田口が強硬な姿勢をとった背景には、7年前の盧溝橋《ろこうきょう》事件（37年）がある。日中戦争から対米英戦争に展開していくきっかけをつくった盧溝橋事件で、牟田口は連隊長をつとめていた。戦火拡大の端緒が、自分の突撃命令にあったと自覚していた牟田口は、インパールで勝利を収めることが戦争を終わらせる近道と考えた。盧溝橋事件でともに戦った河辺中将に対しそうした思いを強く伝えたという。大本営も当初はこの作戦には疑問を持っていたが、結果的にゴーサインを出した。この判断には、大本営・東條英機首相の「イギリスからのインド独立」応援の意図もあった。インドの独立運動家チャンドラ・ボースは、積極的に外交活動を展開し、東條英機とも知己を得て大東亜共栄圏思想を共有したといわれている。

インパール作戦は、案の定、大失敗に終わる。物資も枯渇し、戦闘でも敗北を重ねた日本軍は、撤退を余儀なくされる。敗走ルートは、日本軍人の遺体で埋め尽くされていた。その光景は「白骨街道」と呼ばれた。しかし、牟田口は祖国に帰り、終戦後も66年まで生き、77年の人生を全《まっと》うした。作家・半藤一利《はんどうかずとし》は、晩年の牟田口に何度も会っている。牟田口は「なぜ俺がこんなに悪者にされなくてならないのか！」と激昂することもあったという。

インパール作戦が失敗に終わった理由は何か。歴史学者・戸部良一らは著書『失敗の本質』で、「牟田口の個人的性格」「それを許容した河辺のリーダーシップスタイル」と分析し、その背景には「『人情』という名の人間関係重視・組織内融和の優先」があったと指摘している。（K）

言葉

「果敢な突進こそ戦勝の近道である」

牟田口は自信を持って言い放ったが、インパール作戦は大失敗に終わる。

使用上
注意すべき男

「ノモンハンは負けていない!!」好戦的すぎた男の「謎の失踪」

辻政信

陸軍大佐

つじ・まさのぶ●1902年、石川生まれ。31年、陸軍大学校卒。43年に大佐。東南アジアで身を隠した後、49年に復員。翌年に戦犯指定を解除される。52年、衆議院議員に当選。59年に参議院議員に当選。61年、旅行中にラオスで消息不明となった。

辻政信には、総じて悪評が多い。ただ、知能が高かったのは事実のようだ。陸軍幼年学校や士官学校を首席で卒業して恩賜《おんし》の銀時計を手にしたという。1931年に卒業した陸大でも、3番の成績を収めた。それだけの成績を背景に、辻は自分に絶対的な自信を持っていた。常に強気な姿勢で、上官に対しても遠慮せず意見することが多かったという。

辻は36年、関東軍参謀部において満州事変の後、戦況分析を担当した。同時期に石原莞爾と出会い、少なからぬ影響を受ける。満州における関東軍は中央の指示など無視して、勝手気ままな戦略を立てて実行した。ソ連との国境紛争・ノモンハン事件（39年）でも、辻はひたすら強気な戦いに挑む。日本側が引いた国境線をソ連が侵犯してきたら「徹底的に痛撃を加え撃滅すべきである。それ以外に良策はない」と述べている。

ノモンハンの戦死者は、日本軍8440人で、ソ連軍9703人。ソ連軍のほうが被害が大きいので、あたかも勝利したかのように錯覚させられるが、結果的に国境線はソ連が定めた。戦果としてはソ連の勝利。だが辻は、ノモンハンは負けていないという主張をしていた。

辻は「バターン死の行進」においても中心的な立場にあったとされ、また、対米英戦争回避を目論んだ近衛文麿《このえふみまろ》を暗殺しようとした疑惑もある。強硬で好戦的。しかし、その一方で組織内では緩急を使い分け、立ち回りがうまかったともいわれている。シンガポールで多数の華僑を処刑した虐殺事件では、辻の強い命令があったとされる。しかし、それらの責任を問われることもなく、戦後は戦記作家となりベストセラー作品を出す。そして52年の選挙に立候補し、国会議員にまでなった。BC級戦犯として死刑になった山下奉文《ともゆき》は「(辻は)小才に長じ、所謂《いわゆる》こすき男にして、国家の大をなすに足らざる小人なり。使用上注意すべき男也」と記している。

しかし辻は61年、旅行先のラオスで突然、失踪してしまう。完全に行方はつかめず、遺体も見つかっていない。CIAの暗殺説なども出たが、スパイ容疑で処刑されたというのが有力な説となっている。68年、東京家庭裁判所は辻の死亡宣告を出した。

（K）

言葉

「戦争というものは意志の強いほうが勝つのだ」

究極の精神論で部下を叱咤激励した辻だったが、本人の立ち回りは機を見るに敏で、巧みに戦後も十数年を生き延びた。

アキャブの「ミニ牟田口」

残酷・苛酷な作戦指揮でみずから戦線を崩壊させた「酷将」

陸軍中将

花谷 正

はなや・ただし●1894年、岡山生まれ。陸軍大学校卒。佐官時代に満州事変に関わる。満州では外交官を恫喝、内地勤務時代には軍部批判の新聞社を襲撃するなど粗暴で知られた。43年、第二次アキャブ作戦で大敗。終戦時は第十八方面軍参謀長。57年没。

1944年の3～7月にかけて行われたインパール作戦の無謀さは、それを指揮した陸軍中将・牟《む》田口《たぐち》廉也の無能ぶりと合わせて非常に有名である。しかしこのインパール作戦の前、44年2月に、同じビルマ方面で「第二次アキャブ作戦」という、まるで「ミニ・インパール作戦」のような愚劣な戦いが行われたことは、あまり知られてはいない。

アキャブはインド国境にほど近い、ビルマ西部の海沿いの街。日本軍はここからインド国境側に進出し、その周辺のイギリス軍を撃滅せんとの作戦を立て、陸軍中将・花谷正の率いる第五十五師団を出動させた。44年2月5日に始まったこの戦いが「第二次アキャブ作戦」であり、その後に行われる予定になっていたインパール作戦の陽動・牽制《けんせい》の意味も含まれていた。

第五十五師団は作戦開始早々、シンゼイワ盆地でイギリス軍を包囲。勝利は確実と花谷以下は確信した。しかしイギリス軍側は、航空機からの補給も受けながら頑強に抵抗。戦線はたちまち膠着《こうちゃく》する。そしてここから第五十五師団に異常な事態が起こる。花谷はなかなか戦果を挙げられずにいる前線の指揮官たちを「無能、臆病《おくびょう》」と怒鳴りつけ、ほかの将兵が見ている前で殴る蹴るの暴行を加えるようなことをした。訓練中の新兵ならばともかく、前線で師団長が配下の将校を直接殴打するなどは、厳格な規律を誇った日本陸軍でもあり得ないことだった。花谷は砲弾の補給を求める部下に「夜襲をすれば勝てる。お前、夜襲が怖いんだろう」と言って拒否。食糧の補給を求める声も「弱虫だから補給を求める。弱い奴は脅さないと勝てない」と一蹴。ひどい場合には部下に公然と自決を強要さえした。そもそも短期決戦のつもりで多くの補給物資を持っていなかった第五十五師団は、このような花谷の無茶苦茶な作戦指揮によって統制が崩壊。ついには師団司令部に無断で撤退する現場部隊が出るにおよび、第二次アキャブ作戦は完全に失敗する。

花谷は自分がエリートであることを鼻にかけ、常に部下には冷酷に接することで有名だった。そして身内に甘い陸軍上層部は、そんな花谷をとがめることもしなかった。花谷は終戦まで高級将官として勤め上げ、57年に死去。しかしその葬儀に、かつての部下は一人も訪れなかったという。（O）

言葉

「貴様ここで腹を切れ。指揮をする人間はいくらでもいるんだ」

花谷は特に陸大出身でない部下をまったく人間扱いしなかった。

辻政信に
振り回された男

「ガダルカナル島の戦い」で罷免
戦後も屈辱を味あわされ続けた

川口清健

陸軍少将

かわぐち・きよたけ●1892年、高知生まれ。1914年、陸軍士官学校卒。22年、陸軍大学校卒。40年に少将。川口支隊を率いガダルカナル島戦に参加。大本営から来た辻政信と意見が対立し罷免される。戦後、作家となった辻に名誉を傷つけられ抗議。61年、死去、享年68。

戦犯として処断されなかった辻政信という男は、強引さと奸智《かんち》を併せ持った軍人という評価が少なくない。作家・半藤一利は「絶対悪」という過激な言葉まで使って辻という人物を斬っている。川口清健は、そんな辻政信に振り回されてしまった軍人である。

１９４１年、川口清健が率いる第三十五旅団は第十八師団から離れ、「川口支隊」として独立。精鋭部隊を率いた川口はガダルカナルに派遣され、戦闘に参加することになった。先行して投入された一木《いちき》清直《きよなお》大佐が率いる「一木支隊」が、米軍に全滅させられたからである。一木大佐は自決した。

川口は、一木支隊が海岸線から進撃したことが敗因だと分析し、あえてジャングルを通って奇襲攻撃をかけることにした。しかし、ジャングル内での連携がうまくいかず、米軍からの２００発にも及ぶ迫撃砲によって作戦中止せざるを得なくなる。この戦いで川口支隊の死者は６３３人にも上った。この後に、辻政信が大本営から派遣されてやってきた。

辻は川口と同じくジャングルからの攻撃計画を立てる。しかし、川口は「ジャングル作戦はやってみたが無理だ」と反対した。だが、自信家の辻は川口を怒鳴りつけた。そして、大本営参謀の立場を利用し川口を罷免してしまったのである。川口がいなくなった隊は、辻の命令通りジャングルからの攻撃を再度仕掛けたが、またも米軍に撃退されてしまう。

川口が辻に煮え湯を飲まされたのはガダルカナルだけではなかった。フィリピンで捕虜となったホセ・アバド・サントス裁判官（現在のフィリピン1000ペソ紙幣に肖像が描かれている抗日闘争の英雄）を、辻は川口からの命令として勝手に処刑してしまう。この結果、戦後に川口はBC級戦犯として服役することになった。一方の辻は潜伏し、帰国後に戦犯解除され、作家・政治家として表舞台に登場する。辻は自著『ガダルカナル』で、川口を無能軍人であるかのように書いた。53年に服役を終えた川口はこれに抗議すべく、辻の地元・石川で講演をすることになる。

しかし、人気作家となっていた辻の支援者やファンから野次が飛び交い、川口の名誉回復は受け入れられなかった。失意の川口は61年、68歳で世を去った。　（K）

言葉

「私は処刑命令を出していない。撤回せよ」

捕縛したサントス裁判官の処刑は、辻政信が川口の名を使って執行してしまった。

海軍・空自・政治家

〝源田サーカス〟天才パイロットは戦後「航空自衛隊幹部」に

源田 実

海軍大佐

げんだ・みのる●1904年、広島生まれ。29年、第19期飛行学生を首席で修了。37年、海軍大学校を次席で卒業。38年、横須賀航空隊飛行隊長。41年、甲航空参謀として真珠湾攻撃計画に参加。戦後は空自を経て、参議院議員を4期つとめる。89年に死去。

２０１４年の都知事選で、落選したとはいえ60万票を集めた田母神《たもがみ》俊雄・元航空幕僚長。彼にシンパシーを抱く日本人は多いということだろう。だが、のちに政治資金の使い道で世を騒がせることになった。この田母神元幕僚長と、源田実との共通点を感じる人は少なくないのではなかろうか。どちらも航空畑出身で、弁が立つ。

しかし、勇ましいことは言うが、生きるか死ぬか、殺すか殺されるかというギリギリの実戦経験はほとんどないという共通点もある。子供時代の源田実は小柄で、運動は不得意だが身体は頑健、そして学業成績は優秀だったという。源田は海軍兵学校に進んだ後、航空機操縦に非凡な才能を発揮した。源田は戦闘機や航空戦に関してのオーソリティとなり、源田のアクロバット飛行は「源田サーカス」と呼ばれた。

言葉

「戦争をやめたのは、天皇陛下のご聖断が下されたからだ」

国民の厭戦《えんせん》気分はさておき、いかにも軍人らしい発言だった。

宮崎駿《はやお》のアニメ『風立ちぬ』の登場人物として描かれている設計者・堀越二郎とも接点があった。新しい戦闘機の開発について、堀越は各方面に意見を求めた。そのうちの一人が源田実だった。源田の意見も取り入れて、堀越がつくり上げたのが「ゼロ戦」だった。

源田は終戦から10年ほど経過した1954年、キャリアを買われ防衛庁に入り、航空自衛隊幹部となる。そして62年、自衛官を辞め参院選に立候補して当選、86年まで議員をつとめる。

当時、三島由紀夫や石原慎太郎は、軍人出身の政治家・源田実を高く評価していた。しかし、その評価の裏に「源田以上に実戦経験のない者の劣等感」を見出すことはできないだろうか。その劣等感を振り払うために、三島は割腹自決という「実戦」に及んだのではないか。

「日本民族は原爆の3つや4つ落としても降伏するような民族ではなかった。戦争をやめたのは、天皇陛下のご聖断が下されたからだ」。76年、ある政治集会で源田実はこう発言した。原爆が1発落ちただけで家族を失い被曝の後遺症に苦しみ、絶望した人たちへの配慮がまったくない発言だった。うまく立ち回って運よく生き残った軍人が政治家になると、〝痛いこと〟を言い出す典型例かもしれない。源田は89年まで生き、脳血栓で死去。84歳だった。（K）

日本のユダと呼ばれた男

東京裁判の検察側証人として軍の内情を暴露した「情報屋」

田中隆吉

陸軍少将

たなか・りゅうきち●1893年、島根生まれ。22年、陸軍大学校卒。27年、特務機関員として中国・北京に駐在。35年、関東軍参謀として満州で工作・諜報活動に従事。40年に少将。41年、陸軍中野学校校長。46〜48年、東京裁判で証言。72年に死去。享年78。

田中隆吉は30歳過ぎから中国でスパイ活動に従事した。

1930年、活動過程でのちに「東洋のマタ・ハリ」「男装の麗人」と呼ばれる川島芳子と交際関係になる。川島芳子は語学堪能で頭も切れる女性だったが、スパイとして一人前に育て上げたのは田中隆吉だった。川島は48年に中国政府によって銃殺刑に処されたが、田中との出会いがなかったら、また違った人生をたどっていただろう。田中隆吉の人生には「情報」というものが常に関わっている。中国におけるスパイ活動もそうだが、戦後の東京裁判（極東国際軍事裁判）における証言も、独自に持っていた情報を暴露したものだった。

「土肥原賢二（A級戦犯・死刑）は満州で阿片の売買に手を染めていた」「南次郎（A級戦犯・終身禁錮刑）、板垣征四郎（A級戦犯・死刑）、東條英機（A級戦犯・死刑）は阿片売買を土肥原からとりあげ、満州国の専売とした」……といったかつての仲間を追い込む証言の数々は、多くの軍人たちの怒りを買った。東條英機の側近だった鈴木貞一《ていいち》は「全ク売国的言動ナリ。精神状態ヲ疑ワザルヲ得ズ」と言い、板垣征四郎は「人面、獣心ノ田中」と断じた。田中は「裏切り者」「日本のユダ」と言われることになる。戦犯たちは次々と重い刑を課されることになった。畑俊六を擁護するため、意図的にのらりくらりとした証言に終始した米内《よない》光政とは対照的な証言となった。

しかし、田中の存在があったからこそ、昭和天皇が戦争責任に問われなかったという説は根強い。もちろん自分の責任回避のために、ほかの軍人たちを悪役に仕立てあげた側面もあるだろう。しかし、田中が証言することで軍人たちに責任を負わせ、結果的に天皇へ火の粉が飛ばなくなった。田中の証言はジョセフ・キーナン主席検事の狙い通りだった。キーナンは、天皇には罪を負わせない方向を考えていた。天皇を有罪にしてしまうと、日本国民の反感を買って、アメリカによる統治に影響が出ると見越していたのである。田中の裏切り証言は、心を病んでいたためという話もある。田中はかつて神経衰弱やうつ病で陸軍病院での治療を受けていた。東京裁判の後、田中は山中湖畔でひっそりと暮らし、72年に直腸がんで死去した。（K）

言葉

「我も亦確かに有力なる戦犯の一人なり」

田中は罪に問われていないが、戦犯として裁かれてもおかしくないという自覚はあった。

冷徹な「理系軍人」

「生物兵器」製造目的で繰り返された「人体実験」

石井四郎

陸軍中将

いしい・しろう●1892年、千葉生まれ。京都帝国大学医学部卒。1931年、「細菌戦部隊」創設を提唱。33年、軍医学校に防疫研究室を創設。40年、関東軍防疫給水部長（第731部隊長）。45年3月に陸軍軍医中将になり、同年8月、中国より帰還する。59年に死去。

１９８０年代初頭にベストセラーとなった『悪魔の飽食』（森村誠一著）は、戦時中における「七三一」というオカルティックな部隊の存在を世に知らしめた。中国人やモンゴル人に細菌を感染させ、その威力を調べ、生体解剖も行われたという。当然、その先には兵器としての実用化が視野に入っていた。いわゆるＢＣ兵器（生物化学兵器。biological and chemical weapons）は、核兵器に匹敵するほど多数の敵を殺傷できるからだ。しかも、開発コストや技術は、核兵器ほど必要としない。

１９９０年代にはカルトのオウム真理教がボツリヌス菌や炭疽《たんそ》菌を兵器化するために研究し、化学兵器のサリンは実際にテロで使用された。また、現在も続くシリア内戦でも化学兵器が使われ、子供を含む死体の山が築かれる結果となった。

石井四郎は細菌兵器の開発を目指す「七三一部隊」のリーダーだった。人体実験は石井が主導し、ペスト、チフス、パラチフス、コレラ、赤痢、炭疽菌などを感染させ病態を観察し、兵器化を模索したのである。また、石井は「濾水器《ろすいき》」の開発にも理系能力を発揮した。「石井式」と呼ばれた濾水器は、戦地における給水でも大いに役立ったという。自分の才能について絶対の自信を持っていた石井は、軍医が中将までにしかなれないことを不満に思っていた。「軍人は大将にならなきゃダメだ」と愚痴をこぼすこともあったという。しかし、敗戦となり、秘密研究部隊七三一は解散することになった。1945年、石井は証拠隠滅をはかり、帰国の途につく。

戦後、人体実験の事実は発覚しなかったため、戦犯の容疑をかけられることもなかった。訴追されなかった背景には、アメリカへの人体実験データ譲渡があったとも推察されている。

石井以下、誰一人として罪を問われなかった七三一メンバーは、戦後日本の医学界・製薬界に大きな影響をもたらした。薬害エイズ事件の「ミドリ十字」（日本ブラッドバンク）を設立したのは、七三一で石井の右腕ともいわれた内藤良一だった。七三一によって得た残酷な研究データと人材が、戦後の経済発展に寄与するとは皮肉な話である。戦時の事実を胸に秘めたまま、石井は59年に喉頭がんで世を去る。生計を立てるため、新宿若松町で売春宿を経営していたこともあるという。（K）

言葉

「七三一の秘密は、墓まで持っていけ」

石井部隊解散の際、部下にこう言って念を押したとされる。

心優しき名将

捕虜・地元住民に配慮した「賢者リーダー」の統治政策

今村均

陸軍大将

いまむら・ひとし●1886年、宮城生まれ。15年、陸軍大学校を首席で卒業。18年、イギリス、27年、インド、36年、満州駐在を経て43年に大将。46年、戦犯容疑で収容される。47年、オーストラリア軍の軍事裁判で禁錮10年判決。服役し54年に出所。68年、82歳で死去。

武士道精神に美学を見出す日本男児が、自決や玉砕によって華々しく最期を迎えた軍人を「名将」と呼びたくなるのは自然な感情だろう。しかし戦後、偶然にも生きのびて名将と呼ばれた者もいる。井上成美《しげよし》や鈴木貫太郎などはその代表だが、彼らとは微妙に違う意味で、今村均の評価はきわめて高い。今村均は１９１５年、陸軍大学校を首席で卒業する。同期には東條英機がいた。成績優秀であったことは必ずしも名将の条件にはならないが、今村の場合はその面でも隙がない。

42年、中将としてインドネシア（ジャワ。当時はオランダの植民地）攻略に取り組む。オランダ、イギリス、アメリカ、オーストラリアを9日間で降伏へと追い込んだ。また、このとき政治犯としてオランダに拘束されていたスカルノ（のちのインドネシア初代大統領。タレント・デヴィ夫人の夫）、モハマッド・ハッタ（のちのインドネシア副大統領）を助け出した。

今村はオランダ人捕虜や地元住民に対しても、穏当な扱いをした。中国やシンガポールでは、住民や捕虜に対して虐待・虐殺を含む非人道的な扱いをした日本軍だったが、今村が軍政を敷いたインドネシアではそれがなかった。今村は「八紘一宇《はっこういちう》は、同一家族同胞主義。侵略主義ではない」と言っている。ほかのアジア人を見下すレイシズムから抜けきれなかった頭の固い軍人たちとは一線を画し、公正・平等な考えを持っていたのが今村均だった。

だが敗戦後の46年、今村は戦犯として収容される。オーストラリア軍による判決は、禁錮10年。この判決は、かつての敗北を根に持った復讐的要素が濃厚だったが、今村は素直に判決を受け入れる。巣鴨拘置所で服役していた今村だったが、50年にマヌス島刑務所（パプアニューギニア）への移送を願い出る。そこには同じく戦犯として裁かれた部下たちがいたからだった。マヌス島刑務所にかつての上官である今村が移送されてきたとき、部下たちはみな号泣したという。

54年、今村は出所した。そして軍人恩給で質素に過ごし、68年に世を去った。82歳だった。下級兵として従軍した漫画家・水木しげるは、戦地で今村均に会ったことがある。水木はのちに「（今村さんは上級の軍人なのに）あたたかさを感じる人だった」と述べている。（K）

言葉

「責任は自分にある。部下たちに責任はない」

戦犯として裁判にかけられた部下を弁護して、今村はこう証言した。

終戦を実現させた影の俊英

東條首相「暗殺計画」も練った海軍「終戦工作」の立役者

高木惣吉

海軍少将

たかぎ・そうきち●1893年、熊本生まれ。海軍兵学校43期、海軍大学校卒。在フランス大使館付駐在武官、海軍省官房調査課長、海軍省教育局長などを歴任。終戦後の東久邇宮内閣では内閣副書記官長。1979年没。

戦時中に海軍大尉として従軍した作家の阿川弘之は、戦後こう語っている。

「高木少将といったらおわかりか？　わからないようなら恩知らずだよ。若いから関係ないと思うならバカだよ」

この「高木少将」とは高木惣吉海軍少将のことだ。戦時中に東條英機首相の暗殺計画を立案、また、終戦工作に奔走して、敗戦直前の日本政界で非常な活躍を見せた人物である。

高木は海軍大学校を主席で出た秀才だったが、健康面に不安のあった人物で、主に海軍省や軍令部などの事務的部門で、軍官僚としてのキャリアを積み重ねる。対米英開戦の前頃から、海軍と政財界、学界など軍外の有識者らとの豊富な人脈を構築。これにより、高木は海軍において「政局担当」のような人物となり、対米英戦を仕切った東條英機首相の手腕に疑問を感じるようになる。

言葉

「勇敢に真実を省み批判することが新しい時代の建設に役立つ」

高木は戦後、日本軍の組織的硬直性の批判者であり続けた。

実際、東條内閣に率いられた日本の快進撃は1年ももたず、海軍や政財界、学界には「反東條」の機運も広がりつつあった。そうした声を仲介役としてまとめ、東條排除のための「暗殺計画」にまで練り上げていったのがこの高木だった。高木やその同志がつくり上げた「東條首相暗殺計画」は、東條が自動車で外出中に複数の車で進路をふさいで機関銃を浴びせるという相当荒っぽいもので、実際にはさまざまな準備を進めているうち、サイパン島の失陥の責任を問われ、1944年7月に東條内閣が崩壊。暗殺計画もなかったことになる。しかしまだ戦争は継続中であり、高木は次なる仕事として、海軍上層部から終戦に向けた工作を、東條内閣崩壊の直後から指示される。

戦局はすでに日本にとって絶望的であったが、陸軍にも海軍にも「徹底抗戦」「本土決戦」を叫ぶ勢力は多く、高木はそうした抗戦派の説得や降伏条件の調整などに奔走。高木はあまり実戦部隊に関与したことのない経歴の持ち主であったことは前述したが、それが逆に幸いし、高木は空想的な空元気《から》で「徹底抗戦」を叫ぶ軍人とは一線を画し、冷静な目で日本の絶望的な戦局を分析することができた。高木が終戦までにつくり続けた終戦に向けての状況分析報告書の内容は、各界に影響を与えていったとされている。戦後は文筆家として多くの戦記を執筆。79年に死去した。（O）

海軍の「辻政信」

強硬に唱えた「海上特攻作戦」「神さん神がかり」と呼ばれた男

神 重徳

海軍少将

かみ・しげのり●1900年、鹿児島生まれ。20年、海軍兵学校卒業。軽巡洋艦「矢矧《やはぎ》」、戦艦「霧島」などの乗務を経て、33年、海軍大学校を首席で卒業。第八艦隊司令部参謀、軽巡洋艦「多摩」艦長などを経て、44年に連合艦隊司令部参謀。45年9月、飛行機事故で死去。

陸軍は強硬派が多数を占め、海軍には慎重派が一定数いた……というのが戦後の通説となっている。実際に戦争終結のため中心的役割を果たしたのは海軍上層部と海軍出身の政治家であり、陸軍の強硬派が折れずに徹底抗戦を続けていたら日本は致命的な破滅に至り、戦後の発展も成し得なかったと見る向きは多い。

しかし、実は海軍にもエキセントリックなまでの闘争心に満ちた人材が少なからずいた。特攻を主導した大西瀧治郎などにもそうした側面があり、狂気じみているという意味では厚木航空隊事件の小園安名《こぞのやすな》などは典型ではなかろうか。

そしてこの神重徳という男も、海軍の強硬派として評価するのが妥当だろう。海軍大学校を首席で卒業した神は、ドイツ駐在を経験する。そこで指導者・ヒトラーの凄味に触れ、ナチスの勢いを肌で感じた。帰国後には、日独伊三国同盟を強く支持し、仮に戦争になった場合も想定しつつ、この2カ国との連携が必要であると主張した。海軍の良識派や天皇は、ナチスドイツとの同盟に懐疑的であったとされるが、神はその真逆の意見だった。

実際に日独伊が同盟を結び（1940年）、翌年に真珠湾攻撃を仕掛けた日本は、太平洋戦争へ突入していくことになった。神重徳の意に沿ったかたちで動いていったわけだ。

しかし、太平洋における戦いは当初の勢いを持続することができなかった。神は大佐だった43年、「サイパン奪回のため、戦艦『山城』の艦長にしてくれ。自分ならやれる」と、上官の中澤佑《たすく》少将に詰め寄る。だが、「制海・制空権を失った現状では、敗北は目に見えている」として中澤は神の申し出を却下した。翌年、連合艦隊の参謀となった神は、沖縄「海上特攻作戦」に戦艦・大和を出撃させた。しかし、海上特攻作戦は大和が米軍に撃沈されたことにより、失敗に終わる。

神は強気な姿勢を崩さぬまま、終戦を迎えた。しかし玉音放送の10日後である45年9月15日、練習機に搭乗した神は津軽海峡に不時着し、そのまま行方不明となった。のちに「海軍の辻政信」と評されるだけあって、謎めいた最期も辻政信に似ている。（K）

言葉

「『大和』を沖縄に突入させよ！」

「海上特攻隊」の発案者である神重徳は、終戦間際の大逆転を目指していた。だが「大和」は作戦途上で撃沈された。

特攻への懐疑

美濃部 正

海軍少佐

特攻に異議を唱え、夜襲作戦に活路 海軍の迷走にクサビを打ち込む

みのべ・ただし●1915年、愛知生まれ。37年、海軍兵学校卒業。41年、真珠湾攻撃に参加し、英空母「ハーミス」撃沈の際の写真を撮影。43年より各飛行隊の隊長を歴任し、終戦まで夜襲のエキスパートとして任務に就く。戦後は航空自衛官となり、97年に死去。

美濃部正は26歳のとき、真珠湾攻撃に参加した。九四式水上偵察機の機上から撮影した写真は、今も残っている。その後も着々とキャリアを重ね、熟練した技術に裏づけられたパイロットとして自信を深めていった。戦局が悪化している1944年、フィリピンのダバオ基地で美濃部が聞いた指令は、耳を疑うものだった。それは司令長官・大西瀧治郎の「もはや体当たり攻撃しかない。特攻隊を編成せよ」というものだった。しかし、弱冠29歳の少壮士官である美濃部は異議をとなえた。

「死ぬしかない方法で、戦果が上がるんですか⁉」

美濃部の異議を可能にしたのは、憧れだった海軍で磨いた腕に自信を持っていたこと、そして信頼できる先輩の存在があった。美濃部は持論の「夜襲作戦」を主張した。具体的な対案を出された大西は耳を傾け、二人の話し合いは朝まで続いた。結果、美濃部の部隊は特攻には参加せず、夜襲

に集中するということになった。そしてのちに美濃部が指揮する「芙蓉《ふよう》部隊」は夜襲を得意とした部隊となる。

　しかし45年2月、美濃部の意に反し、沖縄では全機特攻指示が出る。だがこの時も、美濃部は強く主張した。

「練習機を使っての特攻に勝算はあるんですか。ここにいる人は指揮官であって、みずから突入する人がいない。敵の弾幕をどれだけくぐってきたというのですか！」

　美濃部の部隊は特攻することなく、終戦を迎えた。戦後、美濃部は航空自衛官となり、70年に空将として退官するまで、専守防衛を旨に任務を全うした。

　作家・保阪正康は生前の美濃部についてこう述べている。「四千人余りに取材してきた中でも、信頼のおける数少ない一人です。自分の知っている範囲で客観的に説明してくれる。予断や偏見や推測を排除して、その時の自分の考えや行動をきわめて冷静に話す人でした。彼の特攻批判は軍ではタブーの抗命（命令に抗う）になりかねなかった。しかし、上層部も美濃部の言うことに本質が入っているから、彼を軍法会議にかけて罰を与えることはできなかったのだと思う」。
（K）

言葉

「十死零生の作戦はとるべきではない」

美濃部は、大西との話し合いでこう主張。全員が死んで一人も生き残らない作戦の愚かさを指摘している。

レイテに散った勇将

レイテ決戦で独り「真剣に戦った」正義感の強い誠実な勇将

西村祥治

海軍中将

にしむら・しょうじ●1889年、秋田生まれ。海軍兵学校39期。主に水雷畑を歩み、開戦時は第四水雷戦隊司令官。42年のバリクパパン沖海戦では痛い敗北を喫するが、その手腕には一定の評価があった。44年のレイテ沖海戦で戦死。

1944年10月に行われたレイテ沖海戦、日本側の作戦名「捷一号《しょういちごう》作戦」は、フィリピンのレイテ島に反攻上陸してきたアメリカ軍を撃退し、そのまま戦局の劣勢を一気に挽回すべく企図された〝決戦〟であった。実際、日本政府や軍部は「レイテは日米の雌雄を決する天王山」と国民に向かって強調。実際に日本海軍は、巨大戦艦・武蔵や虎の子の正規空母など、重要な戦力をこの海戦に集中的に投入し、〝決戦〟の構えでのぞんでいた。

レイテ作戦の要とされたのは、アメリカ軍が集結するレイテ湾に戦艦部隊を殴りこませ、それらを一気に殲滅《せんめつ》、レイテ島奪還の道を切り開くことだった。主力は戦艦・武蔵を擁する栗田《くりた》健男《たけお》中将の艦隊。一方、扶桑《ふそう》と山城の2隻の戦艦を擁する西村祥治中将の支隊も編成され、栗田艦隊が北から、西村艦隊が南から同時にレイテ湾に突入するという計画が立てられていた。

しかし栗田艦隊はレイテへの途上、米空母部隊の攻撃で武蔵を撃沈されるなどの事態に遭遇し進撃が遅延。西村艦隊との連絡にも支障が生じ、10月25日の突入予定日にレイテ湾の入口であるスリガオ海峡に到達したのは、西村艦隊のみであった。西村は単独でも当初の計画通りのレイテ湾突入を決意。しかしアメリカ軍は西村艦隊の接近を察知して、いわば待ち伏せの陣形を固めていた。西村艦隊はアメリカ軍の準備十分な猛攻を受け、駆逐艦1隻を残して壊滅する。西村もこのとき戦死。扶桑、山城の3000人近い乗員で生還したのは数十人程度で、ほぼ全滅といっていい戦いだった。

このとき西村艦隊の近くにいた志摩《しま》清英《きよひで》中将の艦隊は、米軍の猛攻を見て後退。その後、レイテ近くにまでようやく到達した栗田艦隊は、現在でも多くの議論がある〝謎の反転〟を行って戦場を離脱した。こうして〝決戦〟とされたレイテ沖海戦は、いたずらに日本海軍の虎の子の戦力を消耗しながら、なんとも不可解なかたちで終わった。

アメリカ軍には西村に対し、スリガオ海峡で惨敗した愚将という評価もあるそうだが、生前の彼を知る日本海軍関係者の多くは、その正義感の強い真面目な人柄を敬愛しており、「レイテで真剣に戦ったのは西村だけだった」と言って、その死を悼んだという。（O）

言葉

「われレイテ湾に向け突撃、玉砕す」

戦艦山城の艦上でこう言い放ったのが西村の最後の言葉だった。

第六章　庶民

アンパンマンに込めた思い

「正義はある日突然逆転する」「アンパンマン」に込めた〝献身と愛〟

やなせたかし

陸軍軍曹

やなせ・たかし●1919年、東京生まれ。本名・柳瀬嵩。旧制東京高等工芸学校図案科（現・千葉大学工学部デザイン学科）卒。田辺製薬の宣伝部に就職するが、41年に徴兵され中国戦線へ。乙種幹部候補生となり陸軍軍曹まで昇進。終戦後、50年代から漫画家となる。2013年、94歳で死去。

２０１３年、多くのファンに惜しまれながら、やなせたかしは世を去った。94歳の大往生だった。やなせは代表作『それいけ！アンパンマン』のイメージが強いが、絵本作家・放送作家・作詞家など多彩な活動に取り組み、マルチクリエイターの先駆けのような存在だった。

やなせは東京高等工芸学校（現在の千葉大工学部デザイン学科）を卒業して、田辺製薬の宣伝部に就職して間もない１９４０年、召集令状を受け取る。そして、小倉の連隊に入ることになった。やなせ21歳の時である。やなせは入隊して訓練を受け、乙種幹部候補生にも合格した。伍長・軍曹となり、暗号班の下士官として中国戦線へ向かうことになった。

「子供の時から忠君愛国の思想で育てられ、天皇は神で、日本の戦争は聖戦で、正義の戦いと言われればそのとおりと思っていた。正義のために戦うのだから、生命をすてるのも仕方がないと思った」（著書『アンパンマンの遺書』より）

戦地の状況は予想外

しかし、やなせの戦地体験は、南方戦線に行った水木しげるのような激烈なものではなかった。上海決戦へ向かう途中、「三度ばかり弾丸の洗礼をうけた」（前掲著書）程度で、敵に対して実弾を発射したこともなかった。やなせが行った福建省福州などは農村地帯で、中国軍の攻撃が激しい都市部とはまったく違う様相だった。日中が戦争をしていることすら知らない農民もいた。やなせの行くところはどこも空白地帯のような状態だったのである。

暗号班の仕事の合間に、宣撫《せんぶ》班（現地の人心を安定させる工作を受け持つ班）を手伝う。紙芝居をつくり、中国の農民たちに見せて回った。

やなせは南京も訪れている。37年に起きたとされる南京事件からは4年ほど経過していて、「ぼくが行ったときの南京はごく平和なものでした」という感想を述べている（著書『ぼくは戦争は大きらい』）。激しい戦闘に巻き込まれることはほとんどなく、やなせは終戦を迎えた。46年の3月に帰国命令が出るまで、やなせは中国で過ごす。

激しい戦争体験こそなかったが、やなせの心に影を落とした出来事があった。弟の戦死である。や

1966年、執筆中のやなせたかし（写真／共同通信社）

なせの弟・千尋《ちひろ》は2歳年下で、京大に通うエリート学生だったが、学徒出陣で召集される。そして訓練を受けたあと少尉に昇進し、特攻兵器「回天」の要員として志願した。やなせはそれを伝えられたとき、なぜそんなものに志願したのかと叱責した。

しかし、弟の死は回天による特攻によるものではなかった。45年、フィリピン沖で輸送船が攻撃を受け沈没したことで、やなせの弟は戦死してしまったのである。

『それいけ！アンパンマン』主題歌の歌詞に「何の為に生まれて何をして生きるのか　答えられないなんて　そんなのは嫌だ！　今を生きることで　熱いこころ燃える　だから君は行くんだ微笑んで」とある。ここに弟の死が少なからず影響しているようでもある。

正義は信じがたい

やなせは復員後、高知新聞社に入り、『月刊高知』編集部でイラストや漫画の作成や記事執筆に取り組む。47年に上京して、三越に入社。宣伝部でデザインなどを担当した。そして漫画も描き続け、新聞・雑誌に次々と発表していった。それらの収入が増えたため三越をやめ、53年に漫画家一本で独立することを決意する。しかし、漫画の仕事は徐々に減っていった。その代わり、放送作家・作詞家・美術担当などの仕事などが増えていった。61年に発表した「手のひらを太陽に」では、「ミミズだって　オケラだって　アメンボだって　みんなみんな　生きているんだ　友だちなんだ」と、わかりやすい生命賛美を歌詞にしている。

88年に『それいけ！アンパンマン』のアニメが日本テレビ系列で放映開始され、大ヒットすることになった。やなせは著書『アンパンマンの遺書』のなかで、戦後、日本の価値観が劇的に変わったことについてこう記している。

「正義はある日突然逆転する。正義は信じがたい。ぼくは骨身に徹してこのことを知った。これが戦後のぼくの思想の基本になる。逆転しない正義とは献身と愛だ。それも決して大げさなことではなく、眼の前で餓死しそうな人がいるとすれば、その人に一片のパンを与えること。これがアンパンマンの原点」

（K）

言葉

「正義とは簡単なことです。困っている人を助けること」

自分の頭を食べさせるアンパンマンの利他行為の背景には、こうした考えがあった。

創作を支えた「戦争体験」

「独自のユーモア」を生み出した〝地獄の戦場〟を生き抜いた体験

陸軍二等兵 水木しげる

みずき・しげる●1922年、鳥取生まれ。本名は武良《むら》茂。43年、21歳のときに召集され、パプアニューギニア・ニューブリテン島のラバウルへ。そこで敵機の爆撃により左腕を失う。45年、現地で敗戦を知る。46年に復員。60年代半ばに「鬼太郎シリーズ」で国民的人気漫画家に。2015年に死去。

1973年、水木しげるは自分の戦場体験を『総員玉砕せよ！』という作品にしている。鬼太郎などのファンタジー色が強い妖怪漫画で爆発的な人気を得た水木だったが、リアルな実体験をもとにした戦記漫画として、この作品の評価は高い。どこかユーモアがにじむ画風でありながら、巧みな緩急のつけ方で、戦場の酷薄な実態に迫っている。

43年、21歳の水木しげるは、召集令状を受け取る。前年の徴兵検査の時点から、死に対する恐怖感を膨らませていた水木は、その気持ちを少しでも紛らせようと、哲学書や宗教書を乱読したという。しかし、来るときが来てしまったと水木は思った。

鳥取の連隊に配属された水木は、ひと通りの訓練・教育を受けた後、曹長にこう言われる。

「北がいいか、南がいいか」

寒さ嫌いの水木はあまり深く考えず、「南」と答えた。こうして水木の南方戦線ニューブリテン島・ラバウル行きが決定する。まさか激戦地に行くことになると思わなかった水木は、いよいよ生命の危険を感じ震え上がった。

片腕を手術で切断

当時、日本が委任統治していたパラオにいったん行き、そこからニューブリテン島・ラバウルに水木は移送された。

ラバウルでの戦闘は噂に違《たが》わぬ激しさだった。上官にたびたびビンタを受けていた水木だったが、戦闘の凄まじさはそんなものではなかった。

また、上官にあまりかわいがられていなかった水木は、最前線ばかりを転々とさせられていたという。物量と装備にまさる連合軍は、畳み掛けるように水木の部隊に対しても襲いかかってくる。何度となく死を覚悟させられた水木だった。のちに水木はこう語っている。

「後ろで突然バラバラバラッって音がして、振り向くとみんな死んでいました」

水木は戦地で、名将・今村均とも何度か会う機会があった。ある塹壕《ざんごう》で一緒になり、水木がたまたま放屁《ほうひ》したら、今村に怒られたというユーモラスな体験もあった。

戦闘では殺されずにすんだ水木だったが、次はマラリアを発症してしまう。体力が低下し部隊で休んでいた水木に、さらに危険が迫ってきた。敵機による爆撃だった。水木はその爆撃によって左腕に重傷を負ってしまう。

軍医は左腕の状態を診て、「切断してしまわなければ生命に危険が及ぶ」という判断を下す。麻酔もかけずに、水木の左腕は軍医によって切断された。傷病兵部隊に送られた隻腕《せきわん》の水木は、そこでニューブリテン島の原住民たちと交流する。水木は彼らの親切な対応に感動した。果物などを運んできてくれる原住民たちに、水木は感謝の気持ちを抱いた。

復員後も苦労は続いたが

そして45年8月を迎え、水木のところにも終戦の報が届いた。泣き崩れる上官たちをよそに、水木は生き延びられた喜びをかみしめる。捕虜収容所に入れられた水木は、このまま帰国せず、この土地に永住したい気もしていた。療養中、原住民とのあたたかい心の交流があったからだ。

2011年、秋の園遊会には夫妻で招待された
（写真／共同通信社）

しかし水木は帰国することにした。46年、水木を日本に運んだのは〝奇跡の駆逐艦〟雪風だった。雪風は41年の真珠湾攻撃から始まって数多くの作戦に参加してきたが、大きな損傷を受けることもなく生き残った。そんな駆逐艦・雪風が九死に一生を得た水木を復員させるというのも、不思議なめぐり合わせだった。

日本に帰ってきた水木は、紙芝居作家や貸本漫画家で生計を立てる。決して豊かな生活ではなかったが、前向きに取り組んだ。1950年代、貸本漫画で戦記ものを描いたりもしている。とにかく精力的に幅広いジャンルの作品に取り組んでいた。

水木は「私は片腕がなくても他人の3倍は仕事をしてきた。両腕があったら、他人の6倍は働けただろう」とまで言っている。そして、鬼太郎シリーズがヒット作となるのは1960年代半ばのことだった。復員してから20年近く経過していたが、あきらめずに続けることができたのは、ラバウルの戦場体験があったからに違いない。2015年に93歳でこの世を去るまで、呑気《のんき》だが強い生き方は一貫していた。

（K）

言葉

「息をしているだけでありがたいと思わなくちゃダメですよ」

戦地で九死に一生を得た経験が、水木の謙虚な生命観につながっている。

日本敗北の原因を問い続けた

なぜ「空気」で「大和」が沈んだのか？
「敗戦は日本人の精神が招いた」

山本七平

陸軍少尉

やまもと・しちへい●1921年、東京生まれ。42年、青山学院を繰り上げ卒業し、豊橋第一陸軍予備士官学校を経て見習い仕官、砲兵少尉に。戦争末期のフィリピン戦線に送られる。戦後は出版社経営のかたわら、作家、評論家として活躍。91年没。

対米英戦終盤の1945年4月に行われた、戦艦「大和」による沖縄への海上特攻作戦について、当時の海軍軍令部次長・小沢治三郎が、戦後ある雑誌でこのように発言したことがある。

「全般の空気よりして、当時も今日も（大和の）特攻出撃は当然と思う」

これを見て違和感を感じたのが、戦時中に徴兵されて陸軍砲兵少尉となり、戦争末期のフィリピン戦線で死線をさまよった作家の山本七平だった。大和は当時、米軍が上陸して攻防戦の真っ最中だった沖縄を助けるために海上特攻していった。しかし、もう沖縄は何をしても陥落してしまうだろうということは、軍の要職者ならば大抵わかっていた。ましてや、そこに戦艦大和を突っ込ませるということが何の意味も持たないことも、わかりきったことだった。しかし海軍は「水上部隊の栄光」「一億特攻の魁《さきがけ》」などという、何の理論にも支えられていない言葉を出して大和を沖縄に突っ込ませ、多くの乗組員とともに沈めてしまう。それだけのことが、「空気」という実に曖昧《あいまい》な概念の下に行われてしまったのである。これは一体何なのか。山本の代表作ともされる日本論『「空気」の研究』は、そうしたことについて書かれた本である。

山本はこのほかにも『私の中の日本軍』や『ある異常体験者の偏見』といった本で自身の軍隊経験も交えながら、日本軍には「員数主義《いんずう》」という「書類上の帳尻さえ合っていれば実態を無視して作戦計画が進む」不合理さがあったことや、占領地域で地元住民の文化を無視して旧支配国以上に恨みを買った実態があったことなどについて詳細に分析。日本軍は「連合国の物量に押し切られた」のではなく、自分たちの中にある精神構造的欠陥によって、負けるべくして負けたのだと指摘した。

ただ、これは決して左派的な「自虐史観」ではなかった。山本は、現実を見ないまま空想的精神主義を振り回した日本軍の姿は、非武装中立などをうたう戦後の左派勢力の主張そのものだと実に冷ややかに見ており、その論壇での立ち位置は、むしろ保守側に属していた。

山本の書いた日本軍論に『日本はなぜ敗れるのか』がある。「敗れたのか」ではなく「敗れるのか」。山本は、戦後日本は敗戦を何も克服していないと見ていたのだ。　（O）

言葉

「日本語では戦争はできない」

主語や時制が曖昧な日本語では、軍隊の運営は難しいとまで山本は言った。

孤独な「神軍平等兵」

狂気と正気の狭間《はざま》で暴走「個人テロ」に走った男の執念

奥崎謙三

陸軍上等兵

おくざき・けんぞう●1920年、兵庫生まれ。41年に召集され、ニューギニア戦線へ。敵弾で右手小指を失い、46年に復員。69年、昭和天皇にパチンコ玉を撃ち、懲役1年6月。映画『ゆきゆきて、神軍』(1987)撮影中の殺人未遂で懲役12年。2005年に死去。享年85。

名目上、軍のトップにいた昭和天皇は、やがて平和の時代の象徴となった。

そんな昭和天皇にまつわる奇妙な事件が起こったのは、敗戦から24年が経過した１９６９年1月2日のことだった。新年一般参賀で姿を見せた昭和天皇に向けて、パチンコ玉が放たれたのである。だが、命中することはなかった。パチンコ玉を撃ったのは、神戸でバッテリー商を営む奥崎謙三という当時49歳の男だった。奥崎はパチンコを放つ際、「ヤマザキ、天皇を撃て！」と叫んだ。ヤマザキとは、死んだ戦友の名前だった。昭和天皇を敬愛する1万５０００人もの国民がひしめく新年の皇居前で暴挙に及んだ奥崎は、即座に取り押さえられた。奥崎は裁判で1年6カ月の判決を受け、服役することになる。その裁判においても、特異な思想を繰り返し訴えた。天皇は不平等の象徴であり、天皇制をなくさない限り平等な世界は訪れないという主張だった。

奥崎は下級兵士として、ニューギニア戦線に赴いた。日本の国策に、言われるがままに従った21歳の青年は、そこで地獄を見ることになる。敵兵に追われるばかりでなく、飢えが奥崎を苦しめた。また、敵弾を3発受け傷を負うことになったが、強固な精神力で生き残る。そして、銃殺をされても構わないと開き直ってジャングルから敵軍近くに出て行った。

だが、銃殺されることはなく、オーストラリア軍の俘虜《ふりょ》となった。「生きて虜囚《りょしゅう》の辱《はずかし》めを受けず」という戦陣訓など、奥崎の頭には微塵《みじん》もなかった。どうにかして生き残りたいという強い気持ちが、俘虜となる判断につながった。同時に奥崎は、俘虜になったらどうせひどい目に遭うのだろうと漠然と予想し身構えていた。しかし、オーストラリア軍の対応は想像に反して、拍子抜けするほど穏当なものだった。こうした戦争体験を背景として、戦後、何度も収監されることになる奥崎だったが、その狂気じみた信念が揺らぐことは最後までなかった。奥崎の激しい反天皇制活動を横から支えていた商店主の中川卯平氏は、２００８年にこう語っている。

「私が、奥崎さんに興味を持ったのは、あの人が自分ひとりで戦っていたからです。思想的に云々より、強いものとたったひとりで戦っている姿に興味を持ったんです」

（K）

言葉

「貧乏と戦争が、泣き虫小僧だった私を、見違えるように強くしてくれました」

天皇を否定しつつも、激戦地で生き残った経験は彼の誇りだった。

兵隊漫画
『のらくろ』の作者

戦前の大人気漫画『のらくろ』を描いた数奇な運命の漫画家
田河水泡
陸軍二等兵

たがわ・すいほう●1899年、東京生まれ。生家は貧しく、小学校卒業後から工場などに働きに出る。徴兵から帰ってきた後は画家を志望し、日本美術学校卒。落語の制作などをしながら1931年より漫画『のらくろ』を執筆。大人気作品に。89年没。

戦前の日本で一番人気のあった漫画作品といえば、まず第一に『のらくろ』を挙げねばなるまい。二本足で歩く擬人化された動物の世界の犬の国で、野良犬黒吉（のらくろ）という犬が軍隊に入って活躍するという内容の漫画である。「『のらくろ』を読んで軍隊の仕組みや階級を知った」と語る高齢者も少なくない。1931年から、講談社の雑誌『少年倶楽部』で10年にわたって連載され、これは当時としては異例中の異例となる長期連載だった。

連載初期は兵営内のドタバタ劇が中心になることが多かったが、実際の世の中において満州や中国で戦火が上がると、のらくろの所属する「猛犬連隊」が、猿や豚の国と戦争をする話が増えてくる。「豚勝将軍」の率いる豚の国などは、まさに中国そのものの文化習俗を持つ国だった。

この『のらくろ』の作者が、漫画家の田河水泡だった。もともとは画家志望で、一時は社会主義者の芸術家・村山知義《ともよし》が主催する芸術組織「マヴォ」に加盟し、きわどい前衛芸術を手がけていたこともあった。その後、文筆業にも関心を示し、新作落語の制作にも進出。出版された落語本に、話の筋に合わせた挿絵などを描いているうちに漫画を手がけることにもなったという、なかなか特殊な経歴の人物だった。

そのような流れのなかで連載を始めた『のらくろ』は爆発的な大ヒット作品になる。しかしギャグ漫画であったという性質上、軍部からは「軍隊を茶化したふざけた漫画」とみなされていた。今では『のらくろ』を「軍国漫画」のように表現する資料なども見かけるが、国家からお墨付きをもらっていたような事実はない。いよいよ対米戦も始まる41年の秋、ついに『のらくろ』は打ち切りに追い込まれる。物資の統制も進み始めており、爆発的に売れる『のらくろ』が紙のムダにつながっているという文句さえつけられるようになっていた。

田河は戦後、軍事雑誌『丸』で『のらくろ』の執筆を再開。これは81年まで続く。また、落語の執筆も続けていた。田河の弟子に『サザエさん』の作者である長谷川町子がいる。長谷川はクリスチャンで、田河もその影響でのちにクリスチャンとなった。（O）

言葉

「のらくろとは、実はみんな俺のことを書いたものだ」

若き日の田河は貧しく、野良犬から徐々に出世するのらくろに自己を投影していたという。

散らずに
生き延びた軍人

南の島で死んだはずの兵士が森林で潜伏した28年間の意味

横井庄一

陸軍軍曹

よこい・しょういち●1915年、愛知生まれ。35年、陸軍に入隊。41年に満州へ。44年からはグァム島で歩兵第三十八連隊に配属される。同年8月に戦死扱いとして処理されるが、ジャングル生活を続けていた。72年に発見され、帰国。97年、82歳で死去。

1944年のグァム島における戦闘は、7月から8月にかけ行われ、アメリカ軍相手に、日本軍は敗れる。日本軍人の犠牲者は1万8000人に上り、ほぼ全滅状態だった。

横井庄一は、この戦闘において死亡したと見なされ、本国にもそう報告された。しかし、横井は数人の同僚兵士とともに、ジャングルで生き延びていたのである。

翌45年に敗戦を迎えたこともまったく知らないまま、ジャングルの狩猟採集生活を続けていた横井。64年頃までには、同僚兵士全員が死んでしまい、横井は一人になった。まったく情報が入らないジャングルの中だったが、「信じたくはないが、うすうす戦争に負けたことはわかっていた」とも語っている。ジャングル生活を続けて28年が経った72年1月、横井はたまたま現地の村人と出くわしてしまう。そして横井は、帰国することになった。年齢は、57歳になっていた。

言葉

「恥ずかしながら帰ってまいりました」

死ななかったことを「恥」と感じる旧軍人の発言は、流行語になった。

「恥ずかしながら、帰ってまいりました」

帰国時の横井の発言は、流行語になった。横井は『明日への道』という自著のなかで、軍曹程度だった自分と、幹部軍人の意識の違いを嘆いている。

「捕虜になるな、と戦陣訓第八条（生きて虜囚の辱めを受けず）を徹底的に教育したその軍人幹部が、身近の兵だけを率いて白旗をかかげて投降し、復員者の一人として安楽に暮らしていたとは。時代の流れとはいいえ、当時の教育を真に受けた者は愚かでありました」（『明日への道』より）

横井は、ジャングル生活で身につけた知恵を本や講演で発表していった。類例を見ない体験をしてきたユニークな人物に対し、世間は好奇の眼を差し向けていた。

テレビ番組にもたびたび出演した。82年に放映されたツービート司会の番組『テレビに出たいやつみんな来い!!』では審査員をつとめるなど、軽薄な日本の空気にもすぐ溶けこんでいった。その笑顔からは、地獄のような戦場を体験していたことは微塵も感じられなかった。

横井は97年に、82歳で死去する。彼が住居としていたグァム島の洞穴は、「横井ケイブ」という定番の観光地になっている。（K）

第七章　貴種

「大戦」と激動の生涯

大日本帝国を率いた「現御神《あきつみかみ》」は終戦を告げ「人間」となった

昭和天皇

大元帥

しょうわ・てんのう●1901年生まれ。名は裕仁。11歳で陸海軍少尉、13歳で中尉、15歳で大尉、18歳で少佐、22歳で中佐、24歳で大佐となる。25歳で天皇になると同時に「陸海軍の大元帥」となり、日中戦争および対米英大戦を迎える。戦後は新憲法のもと「象徴天皇」に。89年に崩御。

300万人に及ぶ日本人犠牲者を出した未曾有《みぞう》の戦争と、経済成長を成し遂げ豊かになった平和の時代。その両極を通し「聖なる地位」を保ってきたのが、昭和天皇だった。

昭和天皇の存在は「軍人」を語る上で欠かせない。旧憲法（大日本帝国憲法）のもとにおいても「君臨すれども統治せず」という立憲君主制の定義に即し、実際の権力を持たないという建前があった。しかし、開戦当時の昭和天皇は軍隊のトップたる「大元帥」であり、大日本帝国陸海軍に対して、少なからぬ権力行使をできる地位にいたと指摘する論者もいる。

昭和天皇は、旧憲法条文において「神聖にして侵すべからず」と明記された立場だった。現御神（現人神＝あらひとがみ）として、国民の誰もが敬意を表すべき伝統的存在として定義されていた。

第七章●貴　種

昭和天皇は1918年、健康面に不安を抱えていた大正天皇に代わり、20歳という若さで摂政宮《せっしょうのみや》（公務を代行する立場）に就任した。そして大正天皇の崩御を受け、25歳で天皇となる。

若き昭和天皇は、15年戦争（日中戦争から対米英戦争）へ日本が突き進むプロセスを、超越的な貴種の立場として俯瞰《ふかん》することになった。同時に、1億国民の頂きに立つ天皇として「大権」を負わされた。それは同時に、「軍人」トップとしての責務を負わされることでもあった。

旧憲法（大日本帝国憲法）には「天皇は陸海軍を統帥す（第11条）」と記されている。また、第12条には、「天皇は陸海軍の編制及常備兵額を定む」とまで記されている。

これに対し、現在の「自衛隊法第7条」では、「内閣総理大臣は、内閣を代表して自衛隊の最高の指揮監督権を有する」となっている。国民主権となった戦後新憲法のもとでは、国民の代表たる総理大臣に自衛隊（事実上の軍隊）をコントロールする権限が付与された。天皇から権限を奪ったのは戦勝国である。

日米開戦と終戦

日本軍による真珠湾奇襲攻撃が成功した際に、昭和天皇は小躍りして喜んだともいわれている（木戸幸一日記）。アメリカという強国に対して、一か八かの勝負に出た軍部の心情と、それを応援する国民の心情。昭和天皇の小躍りは、イケイケドンドンだった軍部と国民の気持ちをそのまま体現し

1945年3月、空襲で被災した東京・深川を視察する昭和天皇
（写真／共同通信社）

ている。

しかし、当初の勢いは徐々に失われ戦況は悪化し、敗色濃厚となっていく。45年、日本はポツダム宣言を受け入れることになり、昭和天皇は「終戦の詔勅《しょうちょく》」をラジオで流すことになる（玉音放送）。「堪え難きを堪え、忍び難きを忍び、以て万世の為に太平を開かんと欲す」という有名なフレーズが国民の耳に届いた。

それまでの天皇の権威は、最強の軍事力を誇る国家・アメリカによって粉砕された。欧米人の視点では、戦前・戦中の昭和天皇をドイツの独裁者・ヒトラーと並び称することもある。敗戦後、天皇はみずから神であることを否定し、「人間宣言」をするに至る。もし日本が対米戦争に勝っていたら、「象徴天皇」というトリッキーな概念が定義されることもなかっただろう。

ポツダム宣言受諾後、昭和天皇はモーニング姿で正装し、占領軍のマッカーサー元帥との会見に臨んだ。その内容については明らかにされていない。だが「責任のすべては私にある」と発言したという説を支持する人は多い。

新資料「昭和天皇実録」

戦後、平和を享受し、経済成長の時代を迎えた日本の空気に応じて、昭和天皇は穏やかな表情の老人となっていった。

75年、ホワイトハウスでの晩餐会で、記者に戦争責任について問われると「そういう文学的なことについてはよくわからないので、答えられません」と答えた。戦時にせよ平和時代にせよ、浮薄で気分屋の国民に振り回された昭和天皇は、89年に大腸がんで87年の生涯を閉じた。

そんな昭和天皇の87年の生涯を記録した「昭和天皇実録」が、2015年に一般公開され、東京書籍から発売もされた。これは宮内庁によって編纂されたもので、全60巻という膨大な記録である。激動の昭和史そのものといえる天皇が、何を思い何を決断したのかを知るためには最大級の資料といってもいいだろう。（K）

言葉

「責任のすべては私にある」

ポツダム宣言受諾後、戦勝国アメリカのダグラス・マッカーサー元帥と会見したときに、こう言ったとされている。

実戦経験豊富な皇族

海軍軍人に親しまれた人柄と実戦派としてのすぐれた技術

伏見宮博恭王

元帥海軍大将

ふしのみや・ひろやすおう●1875年生まれ。父は伏見宮貞愛親王。母は貞愛親王の妃・利子女王ではなく河野千代子。86年、海軍兵学校予科に入学するも中退。ドイツの海軍兵学校・大学で学ぶ。1933年に元帥。34年～41年まで軍令部総長。46年に薨去《こうきょ》。

伏見宮博恭王の父・貞愛《さだなる》親王も、西南戦争、日清戦争、日露戦争に出征した軍人だった。そんな父の姿を見ていた博恭王は、自然と軍人の道に進む。ただし、父親が陸軍だったのに対し、博恭王は海軍を選んだ。博恭王は海軍兵学校予科を中退後、ドイツに留学。そしてドイツの海軍兵学校・大学を卒業し、帰国してからは艦隊勤務経験を積んでいく。戦艦「三笠」搭乗の分隊長として、日露戦争にも出征した。博恭王の艦を操る技術は熟練の域に達し、一般の海軍軍人たちも驚いたらしい。また、フランクに話ができる人柄は愛された。部下だった嶋田繁太郎は、海軍軍人として博恭王に強い信頼を寄せていたといわれている。

博恭王は1922年に大将となり、25年には軍事参議官をつとめる。そして32年、56歳のとき海軍の軍令部長となった。これは前年、陸軍の参謀総長に閑院宮載仁親王《かんいんのみやことひとしんのう》が就いたことに呼応した形だった。

36年、二・二六事件が起きた際に、博恭王は真崎甚三郎、加藤寛治《ひろはる》から連絡を受ける。博恭王は、反乱軍の意見を天皇に伝えてほしいと頼まれたようである。そして博恭王は昭和天皇に会いに行く。しかしそこで博恭王は、反乱行為に対する昭和天皇の秘めた怒りを知る。このとき、昭和天皇はまだ34歳。博恭王は60歳だった。26歳年長の博恭王も、天皇の怒気には、なす術がなかった。

対米戦争で敗色濃厚となった44年に開かれた元帥会議の席で、博恭王は「特殊兵器の開発、使用が必要なのではないか」と述べたとされる。これが特攻を指しているという説もあるが、博恭王の真意はどこにあったのか。

45年の終戦を迎えた頃、博恭王は体調を崩していた。心臓病を抱え、脳出血による右半身麻痺を抱えることにもなっていた。そして博恭王は46年に薨去《こうきょ》（死去すること）した。70歳だった。

ちなみに博恭王の四男・伏見博英《ひろひで》少佐（みずから臣籍降下して伯爵）は、43年にセレベス島上空で撃墜され戦死している。皇族（出身）で唯一戦死したのが伏見博英少佐だった。また、伏見宮家を継いだ博明《ひろあき》王も、47年に皇籍を離脱、現在は「旧皇族」という扱いになっている。　（K）

言葉

「米国とは早期決戦・早期和平が望まれる」

まず打撃を加えて和平交渉を有利に進めるべきだと考えていたとされる。

昭和天皇の弟

高松宮宣仁親王

海軍大佐

皇族としての「特別扱い」を嫌い「海軍軍人」として戦時に奔走

たかまつのみや・のぶひとしんのう ●1905年、東京生まれ。海軍兵学校52期、海軍大学校卒。軍令部部員や戦艦「比叡」砲術長、大本営海軍参謀などを歴任。終戦直後はGHQ関係者とも積極的に面会し、皇室存続のため奔走した。87年、肺がんのため薨去。

高松宮宣仁親王は1905年、のちに大正天皇となる皇太子の三男、つまりのちの昭和天皇の弟として出生する。戦前の日本において、皇族の男子は軍人になるのが通例であったため、高松宮も長じて海軍兵学校へ進み、海軍大学校も出て高級軍人としての道を歩み出す。

ただ皇族軍人というものは、生涯「特別扱い」だった。兵学校にしても特別の官舎から通い、授業も教官から個人教授のかたちで受けるという場合がほとんど。本来、選び抜かれた秀才しか入れない陸軍大学校、海軍大学校もほとんどフリーパスで、その後はとんとん拍子に出世するものの、お飾りのような名誉職に据えられる。軍のどんな重職にあっても、作戦や軍政にはあまり口出しできない——。それが皇族軍人の実態だった。高松宮は、そうした「特別扱い」にかなり反発心があった人のようで、軍のどこへ行っても「ほかの軍人たちと同じ待遇を」と訴えていた。その態度は周囲に感銘を与え、実際、役職・階級上の上官の指示などには非常に忠実であったらしい。

戦後だけでなく戦前においても、皇族が政治上の問題に関心を持ち、それに対して何か発言したり行動したりするといったことは、タブー中のタブーであった。しかし高松宮はただ「海軍軍人」であろうとしたゆえに、対米英戦のなかでその線を越えた動きをとり始める。

対米英開戦の直前に大本営海軍参謀をつとめていた高松宮は、海軍には燃料が不足していることなどを主要な理由に、兄である昭和天皇に、簡単にアメリカと戦端を開いてはいけないと進言。12月8日の真珠湾攻撃後は、海軍の米内《よない》光政や外務省の吉田茂ら早期和平派と連絡を取り合って、1日も早い戦争の終結を模索していた。戦争中、早期和平を目的とした東條英機首相の暗殺計画が複数回企てられたことがあるが、高松宮はその一部に関係していたともいう。終戦直後には、あくまで徹底抗戦をと叫ぶ一部部隊の説得のために奔走もしている。

戦後の高松宮は、スポーツ、文化振興などに尽力。競馬の「高松宮記念」は非常に有名である。北海道で毎年3月に開催されている国際的なスキー大会に「宮様スキー大会」というものがあるが、この「宮様」とは、高松宮のことである。　（O）

言葉

「皇族ほど馬鹿げた職業はない」

どこへ行っても特別扱いされることに、高松宮は非常に不満だった。

戦争に絶望した皇族軍人

「中国戦線」で見た日本兵に失望
戦後は「反戦平和」を尊んだ
三笠宮崇仁親王
陸軍少佐

みかさのみや・たかひとしんのう●1915年、東京生まれ。陸軍士官学校48期、陸軍大学校卒。43～44年にかけて支那派遣軍総司令部参謀。終戦時は航空総軍教育参謀。終戦後は東京大学で歴史学を学び、東京女子大学などで講師をつとめた。

１９１５年に生まれた大正天皇の四男・三笠宮崇仁親王は、昭和天皇とは14歳差、高松宮とは10歳差もあったので、皇位継承といった事柄からは自由で、よって兄たちよりも比較的自由に育てられ、また自身も自由・率直な立場、態度を好んで取ることが多かった。

学習院を経て陸軍士官学校に進み、陸軍将校となったが、終戦時にはまだ30歳。少佐という階級だったため、特に戦局を左右するような場面で活躍した事実もない。戦時中に複数回謀《はか》られた東條英機首相暗殺計画のひとつ「津野田《つのだ》事件」に関与していたという事実はあるが、自分から計画を降りており、未遂に終わったため、周囲からは不問に付されている。

ただ、43年から44年まで、特に希望して支那派遣軍総司令部の参謀となり、中国戦線を実際に見た記憶は、三笠宮に相当な衝撃をもたらしたものらしい。三笠宮は、中国戦線において日本軍が中国人民への略奪行為などを行っていることに、特に激しい嫌悪感を抱いた。のちに振り返り、「聖戦という大義名分が、事実とはおよそかけ離れたものであった」「内実が正義の戦いでなかった」とも語っており、前線で抱いた失望、怒りは相当なものであったようだ。

戦後、三笠宮は東京大学文学部に学んでオリエント史を専門とする歴史学者となる。軍部・国家主義に対する疑念は戦後もなかなか晴れず、「紀元節」を「建国記念の日」として復活させようという運動が盛り上がるや、歴史学者としての立場も含めて猛然と反対。「日本紀元二千数百年という思想は決して古来から存在したものではない」「(紀元節復活反対は)旧軍人としての、また今は学者としての責務」と発言し、いわゆる右翼勢力からは公然と「無責任ではないか」「皇籍離脱を」といった声まで上がった。

また「南京大虐殺」の問題についても、自身が実際に見聞した中国戦線の実態から「虐殺」があったとする説を否定しない見解を示したことがあり、これもまた政治的な波紋を巻き起こした。

三笠宮は子宝に恵まれ、5人の親王・内親王を得たが、その子息の代には男子に恵まれず、三笠宮家は断絶する方向へ向かっている。　（O）

言葉

「偽りを述べる者が愛国者と称えられ、真実を語る者が売国奴と罵られた」

三笠宮は戦時中の社会をこう振り返っている。

李王朝最後の皇太子

大韓帝国皇太子の数奇な運命「日韓併合」が生んだ悲運の軍人

李垠

陸軍中将

い・うん●1897年、漢城（現在のソウル）生まれ。父は李氏朝鮮第26代国王の高宗。1910年の日韓併合後に来日し、学習院から陸軍士官学校を経て17年に卒業。23年に陸軍大学校卒。40年に中将。戦後、63年に帰国。70年、ソウルで死去。享年72。

1910年8月、「韓国併合ニ関スル条約」（日韓併合条約）が公布された。これは、豊臣秀吉の朝鮮出兵や西郷隆盛の征韓論以上に、現在の韓国における「嫌日感情」を生み出す歴史的・直接的な原因になっている。日韓併合は、李垠《イウン》が13歳のときになされた。李氏朝鮮第26代国王・高宗《コジョン》の息子として生まれた李垠は、数奇な運命をたどることになる。

日韓併合条約の第4条には「韓国皇帝や皇太子などには地位相当の尊称、名誉などやそれを保持するのに必要な歳費を与える」とあり、日本の皇族と同じような扱いを受けることが保証されていた。日本の皇族で軍人となった者は多かった。それと同じように韓国の王族である李垠も軍人の道を選んだ。学習院から陸軍士官学校に進み、17年に卒業。そして20年、李垠23歳のとき、日本の皇族である梨本宮守正王《なしもとのみやもりまさおう》の娘・方子《まさこ》と結婚する。日本の皇族と同じように、李垠の軍内部での出世も早かった。35年、37歳にして大佐・連隊長となり、宇都宮の歩兵第五十九連隊を率いる。

36年、二・二六事件が勃発したとき、李垠も連隊長の立場として反乱軍に対応するため、現場に駆けつける。周囲は押しとどめようとしたが、「連隊長が直接指揮をするのは当然だ」と言ったという。また、翌年には陸軍士官学校の教官もつとめた。38年から中国にも訪れ、満州国の愛新覚羅《あいしんかくら》溥《ふ》儀《ぎ》とも謁見《えっけん》した。40年には中将に昇進し、45年4月には参議官に就任する。だが、ほどなくして敗戦を迎え、47年の日本国憲法公布と同時に日本国籍を消失。50年には朝鮮戦争が始まり、無国籍状態が10年ほど続くことになったが、57年には日本国籍を取得する。62年になり、韓国の国籍が認められ、翌年に韓国へ帰ることとなった。そして世を去る70年までソウルで過ごした。ちなみに李垠と方子との間に日本で生まれた長男は夭逝《ようせつ》したが、31年に生まれた次男李玖《イグ》は、父と同様、学習院に進む。建築家・実業家として活動し、2005年、東京で世を去った。

01年12月23日、今上《きんじょう》天皇は「桓武《かんむ》天皇の生母が百済《くだら》の武寧王《ぶねいおう》の子孫であると続日本紀《しょくにほんぎ》に記されていることに、韓国とのゆかりを感じています」という発言をした。嫌韓を声高に主張する者たちには、この配慮に満ちた日本人らしい言葉が理解できないのだろうか。（K）

言葉

「連隊長が直接指揮をするのは当然だ」

二・二六事件の際、周囲に反対されながらも、反乱軍に対応するため李垠は現場へ向かった。

第八章
礎石

“聖将”と呼ばれた
明治最後の武人

崩御した明治天皇を追い妻とともに自害し果てた
乃木希典
陸軍大将

のぎ・まれすけ●1849年、山口生まれ。畏敬と親愛を込めて「乃木大将」と呼ばれることが多い。東郷平八郎とともに日露戦争の英雄とされる。第10代学習院院長として皇族師弟の教育に従事。昭和天皇の教育係もつとめた。明治天皇の後を追った殉死は明治の美談とされた。1912年没。

乃木希典は、生存中から毀誉褒貶《きよほうへん》の激しい人物だった。常に二つの物差しから論じられてきた。ひとつは軍人トップとしての実力評価。もうひとつは一人の人間としての器量や教養といった面。それぞれ片方だけに光を当てて乃木を見ると、どうしても無能であったとされたり、いや素晴らしく徳の高い人だったとされてしまう。

一般的評価として、英雄・豪傑などと呼ばれることは少ないが、精神性の強い軍人だったため、「聖将」という言葉で飾られることが多い。

それは、常に軍人とはどうあるべきか、ということを考えた言行をとっていたことがあげられるだろう。封建的武士教育を幼少の頃から叩きこまれた乃木にとって、武士たる者は恥を知るべしという考えがいつも脳裏にあったといえる。

乃木批判の声

明治の武人、乃木希典にとって恥とは何だったのか、彼の経歴をみると以下のことがあげられる。

①西南戦争で薩摩軍に軍旗を奪われた。②実弟が前原《まえばら》一誠《いっせい》の起こした「萩の乱」に加わり、政府に弓を引いた。③日露戦争において旅順二〇三高地の攻防で多数の部下を死なせた。

日露戦争後は、国家や天皇に対して申し訳がたたないと自分を責める日々であったといわれる。これらの理由で生存中から乃木批判の声は決して少なくなかった。

しかし、軍旗事件の真相については、乃木を責めるものではなく、むしろ彼を評価すべきだという意見もある。旗手をまかせた部下の勝手な行動が原因で乃木隊の軍旗が敵側に奪われ、軍人としては大きな汚点を残した。だが、乃木はその人間を責めることなく、逆に戦死したその部下一家の生活の面倒を見ていた。

こんな乃木の善行や漢詩人としての教養の深さなどを認めていた明治天皇は、厚い信頼を寄せていたという。天皇は晩年の乃木に皇族や華族の師弟を教育するための学校、学習院の院長をまかせている。

乃木希典は、今は六本木ヒルズとして注目されている場所にあった長州藩の上屋敷で生まれている。幼名は「無人《なきと》」といった。詩文の才能を持った心根の優しい少年であったが、叔父に松下村塾の創立者・玉木文之進《たまきぶんのしん》がいた。この厳格な叔父に鍛えられた乃木は軍人の道に進むことになった。長州閥の恩恵を受けて順調に昇進するが、「戦下手」ともいわれて、軍隊というものになぜか迷いを持ち続けていたようだ。

壮絶な殉死と乃木神社

1886年に乃木はドイツに留学する。ここで彼はドイツ軍の規律ある勇壮な姿に心を打たれる。軍人とはどうあるべきか、服装スタイルから精神まで徹底して訓練された乃木は、大きく変身した。

軍人には向かないと自分でも思っていた男であったが、雷に打たれたかのようにそれからの乃木は、軍人道に邁進する。台湾総統を経て日露戦争

乃木夫人の静子(右)と戦死した二人の息子(写真/毎日新聞社)

へ、第三軍司令官として旅順攻撃を指揮することになる。

明治天皇の崩御の後、乃木は酒を絶ち、鳥獣を食することをやめている。大喪の日には赤坂の自邸で静子夫人とともに自害して果てた。この事件は武人・乃木の美談として語られる一方、近代に目覚めた識者からは時代遅れの愚行とみられたが、公然と批判することはタブーとされた。

絶対君主の死とともに乃木の行為は、明治の終焉を示す象徴的な出来事として記録されていった。余談だが、三島由紀夫が自作自演した映画『憂国』の切腹シーンは乃木の死にヒントを得たものといわれている。

二人の息子は日露戦争で戦死、伯爵・乃木家は断絶した。短い一生ではないが、潔い疾風の人生であった。乃木希典の威徳は海外にまで知れわたり、「ノギ」という名前がフィンランドやトルコ、ポーランドなどで流行ったといわれる。

国内では赤坂の乃木神社をはじめ、山口県、栃木県など乃木を祭った神社が次々に建立された。恥を知り名を惜しむ、まさに武士として生きた人物といえよう。
（N）

言葉

「爾霊山《にれいさん》険なれども豈《あ》に攀《よ》ぢがたからんや」

乃木は静堂という号を持つ漢詩人でもあった。爾霊山は二〇三高地の当て字。どんなに険しい山でも登れないことはない。有名な乃木自作の漢詩の一節である。

世界に知られた日本の英雄

ロシアのバルチック艦隊に勝利
「東郷ターン」という戦術

東郷平八郎

海軍大将

とうごう・へいはちろう●1847年、鹿児島生まれ。戊辰戦争に従軍。維新後は英国に留学。日清戦争では「浪速」艦長として活躍。その後、海軍兵学校校長、舞鶴鎮守府司令長官などを経て日露戦争では連合艦隊司令長官。日本海海戦で強敵バルチック艦隊を破り、日本を勝利に導く。1934年没。

戦場における指揮官の第一条件とは何か。よく論議されるテーマであるが、まず運の強い人間であることがあげられる。悲運の人はいても、悲運の名将はいない。

日露戦争開戦の1年前、東郷平八郎は舞鶴鎮守府司令官から連合艦隊司令官に抜擢されている。サラリーマン社会でいえば、地方の一支店長から社の命運を賭けた海外プロジェクトのリーダーに指名されたようなものだ。抜擢したのは海軍大臣・山本権兵衛《ごんのひょうえ》である。年齢は東郷のほうが上であるが、同郷・鹿児島出身の上司である。

この異色人事に明治天皇がいぶかって、その理由を山本に問いただした。山本には東郷を抜擢した確たる理由はない。冷や汗をかきながら「運のいい男でございます」と答えたと伝えられている。

東郷のもうひとつの特徴は、度胸のいいことだ。

日露開戦でロシアのバルチック艦隊を「東郷ターン」と呼ばれる破天荒な戦法で打ち破っている。この戦法は軍事の専門家に言わせても、よほどの戦場度胸がなければ敢行できないものという。

敵前8〇〇〇メートルというギリギリまで接近して大反転、相手艦隊の先頭を圧迫するものだ。一瞬、隙を見せるようだが、まさに肉を切らせて骨を断つ戦法である。のちの太平洋戦争でも、アメリカ艦隊を相手にこれほど度胸の据わった戦いをした指揮官はいない。

海軍一筋の人生

日露戦争を勝利に導いた英雄・東郷平八郎の名声は海外にも届いている。もちろん、名将としての名は日本史上でも赫々《かくかく》たるものであるが、同時代の乃木希典《まれすけ》や山本権兵衛ほど権力や地位を持ち合わせていない。

これはどうしてだろうか。薩摩出身の東郷の心中には「議を言うな」、つまり理屈を並べるなという、この地独特の行動原理がはたらいていた。立身出世を志向するような「議」がないのだ。

幼年期は薩摩弁で「ケスイボ」といわれるほど、腕白であった。父親の影響で水軍を志願、薩英戦争では海戦を経験している。

新政府になっても海軍一筋、政治に関与することなく、軍人としての人生を全うしている。西南戦争では政府軍という立場から反西郷側に立ったが、その考え方は西郷隆盛、大山巌《いわお》などと同じ、権謀術数の世界には向かないものだった。

日本海海戦の雄叫び

1904年5月、ロシアのバルチック艦隊は対馬海峡にさしかかった。敵の進行を察知した日本の連合艦隊は、沖ノ島付近での会戦を目指す。

「本日天気晴朗ナレドモ浪高シ」

参謀・秋山真之《さねゆき》の起草した第一報が大本営に打電された。東郷は「三笠」に乗船。乗組員は一人残らず新しい下着に取り替えて死の晴れ装束となった。首には木札をぶらさげた。それは各自の本籍地を記した認識票であった。三笠のマストに旗が上がる。

戦艦「三笠」の保存記念式での東郷平八郎（右）と皇太子裕仁摂政宮（昭和天皇）（写真／毎日新聞社）

「皇国ノ興廃コノ一戦ニ在リ各員一層奮励努力セヨ」

有名な訓示を残して東郷は決断した。秋山参謀が命令を伝えた。

「取舵！」

三笠は方向を変えた。後続の艦隊も大反転、敵前でUターンをしたのだ。これが東郷ターンと呼ばれる戦法である。

ロシア側司令官・ロジェストウェンスキー中将は、一瞬の隙を見せた日本軍にほくそ笑み、一斉砲撃に出た。三笠はまだ撃たない。敵艦との距離は6〇〇〇メートル、連合艦隊はバルチック艦隊の針路に立ちふさがった。限界まで待って三笠以下全艦が火を吹いた。

T字型態勢になった連合艦隊の猛攻撃にロシア側は軍艦4隻が炎上、4隻が撃沈した。

この大胆な作戦が、連合艦隊を大勝利に導く。戦いが終わっての東郷の訓示はこうだ。「勝ッテ兜ノ緒ヲシメヨ」。戦勝気分に湧く当時の日本人には、この言葉は、必ずしも理解されなかったようだが、海軍内では東郷の戦陣訓として伝えられていった。
（N）

言葉

「2に2を加えて4にしかならない頭脳を持っているなら、そのほうが心配だ」

装備で劣る連合艦隊が大艦隊に勝つには、常識的な考えだけでは不可能だ。常にプラスアルファの力を発揮しなければ勝てない、東郷の考え方の基本だ。

陸海に分かれた俊才兄弟

司馬遼太郎も瞠目したドラマチックな二人

秋山好古・真之

陸軍大将（好古）
海軍中佐（真之）

兄の好古は日本人離れした西洋人顔だった

あきやま・よしふる●1859年、愛媛生まれ。陸軍で騎兵隊の養成を担い、日露戦争では世界に誇るロシアのコサック騎兵隊を破る。最後の決戦といわれた奉天の会戦を勝利に導いた。1930年没。

あきやま・さねゆき●1868年、愛媛生まれ。好古の弟。海軍兵学校を首席で卒業。アメリカ留学を経て、日露戦争では、連合艦隊の作戦参謀として日本海海戦勝利に貢献する。1918年没。

『坂の上の雲』の主人公

頼朝と義経の源氏兄弟と比べるのは、飛躍のしすぎかもしれないが、近代史では特筆すべき軍人兄弟である。兄弟といっても、兄・秋山好古と弟・秋山真之《さねゆき》は、陸軍と海軍に分かれ、それぞれ別個の人生を歩んでいる。共通しているのは、二人とも明治という時代に生まれるべくして生まれた生粋の軍人であったということだ。

真之は49歳で病死するが、その追悼式の席上で好古が弟のことをこう述べている。

「真之はたとえ秒分の片時でも『お国のため』という観念を捨てなかった。四六時中、この観念を頭から離さなかった」

現在の日本人からみると、「お国のため」という言葉は、理解しにくいものであるが、国家の勃興期にはこういった感情が生まれてくるのだろう。

二人とも日露戦争での大きな功績が認められるのであるが、広く大衆に知られたという人物ではなかった。東郷や乃木のような大物ではなく、広瀬武夫のようなスターでもない。司馬遼太郎が兄弟を主人公にした小説『坂の上の雲』を書いて、一躍知名度を得たというぐらいの存在でしかなかった。

最強騎兵隊に挑む

秋山兄弟は愛媛県松山藩の下級武士の三男、五男として生まれている。相当貧しい生活を強《し》いられていたらしく、二人ともに学費のいらない学校ということで、軍学校に進んでいる。

好古は陸軍軍人の道を選んだ。戦場で機動力のある騎兵隊に目をつけ、その育成に尽くした。日露戦争で好古の騎兵隊は、世界最強といわれたロシアのコサック騎兵隊と対決することになる。まともにぶつかったのでは勝てるわけがないと、機関銃部隊を組み入れ圧倒的な数を誇るロシアと対等に戦った。

鼻が高く、いわゆる外国人顔であった好古にまつわるこんな話がある。

日露戦争後にある外国人武官が、「日本人にコサック騎兵を破れるわけがない。西洋人の顧問がいるに違いない」と言った。彼は騎兵隊の指揮をとる好古を見て「やはり西洋人の顧問がいた」と信じて疑わなかったそうだ。

陸軍大将まで上りつめた好古であったが、その後は故郷の松山に帰って中学校の校長をしている。彼は師範学校を出て一時期教員をしていたことがある。本当になりたかったのは、軍人ではなく教育者ではなかったのか、そんな思いがする秋山好古の後半生である。

戦術家・真之の憂鬱

アジアの小国が大国ロシアに勝ったということで、その大立役者・東郷平八郎は世界的ヒーローになった。東郷の敢行した作戦や部下への訓辞のひとつひとつが世界の注目を集めた。しかし、実はこの英雄・東郷をつくりあげた男がいたこともよく知られている。その男こそが秋山真之だ。

真之は、兄・好古の援助で東京生活をしている。真之には同郷の友人に正岡子規がいて、彼と同じ文学の道を志したが、学費がタダ、給金ももらえるという海軍兵学校に入学する。海軍でも文学の才能が花を咲かせる。

海軍兵学校をトップで卒業した真之は、アメリカに留学する。ここでアメリカ海軍の作戦方法などを学ぶ。日露海戦における軍略の妙は、この時分に十分学んでいる。ロシア艦隊を旅順口《りょじゅんこう》に釘付けにした閉塞作戦は、アメリカ海軍のキューバ港閉塞作戦からヒントを得たものだ。そしてバルチック艦隊を破った大反転作戦、俗にいう「東郷ターン」を考案したのも真之であった。

彼は日本海海戦の完璧な参謀であったが、人と人が殺し合う戦場という場には馴染めなかった。白旗をあげる敵艦隊に攻撃の手をゆるめない東郷に「やめてください」と叫んだ。東郷は真之の弱気を「降伏の意志があるなら艦を停止するものだ。敵はまだ前進中である」と諭《さと》したという逸話が残っている。その後の真之は日蓮宗に帰依《きえ》、また大本教《おおもときょう》にも一時入信している。49歳の若さで病死するが、死の直前まで般若心経を唱えていた。

（N）

言葉

「神明はただ平素の鍛練に力め戦はずしてすでに勝てる者に栄冠を授くる」

真之の言葉は一般には東郷平八郎の言ったこととして残っているが、実際は真之が書いたものが多い。ルーズベルトがコピーして米軍に読ませたというこの言葉も真之が書いた。

近代海軍の父

「陸主海従」の組織に異を唱え実践したバンカラ

山本権兵衛

海軍大将

やまもと・ごんのひょうえ●1852年、鹿児島生まれ。戊辰戦争に従軍後、海軍兵学寮卒。海軍省主事、海軍大臣副官などを歴任。山県、伊藤、桂の各内閣で海相をつとめ1913年、首相に。日露戦争では日本海海戦の最高責任者として指揮。33年没。

日清間に風雲が立ち込めてきた頃、ある閣議で対清戦略が話し合われた。西郷従道《つぐみち》海相に出席を命じられた山本はまだ大佐であったが、この席で陸軍の参謀次長・川上操六《そうろく》を相手に一歩も引かなかった。制海権の重要性を説き、陸海一体となって戦わなければならないと、一同を唖然とさせた。海軍の意見を聞かずに、勝手な作戦を立てる陸軍に対して「陸軍だけで戦えるなら、陸軍の工兵隊で日本と朝鮮の間に橋を架けたらうまくいくだろう」と、川上を相手に啖呵《たんか》を切った。

その後、陸軍の参謀本部の中にあった海軍の軍令部を独立させ、〝陸主海従〟の組織を大きく改革させている。このことは一見したところ、単なる行政改革のひとつぐらいにしか思えないが、明治新政府樹立以来、培《つちか》われてきた軍体制を覆すものであった。陸軍と一戦を交える覚悟がなければできないことだった。

日本海軍の近代化は、この山本の蛮勇があってこそ成り立った。山本が「近代海軍の父」と呼ばれるのは、このような事情があったからである。

対清戦略について山本と対立した川上操六も明治の器量人であった。山本を陸軍に呼び、陸軍首脳の前で講演させ、陸海の歩調を合わせる努力をしている。まもなく勃発する日清戦争では、陸海一体となった作戦がとられ、計り知れない効果をあげたといわれている。

日清戦争に勝利した日本は、一躍国際社会に知られる強国グループの仲間入りを果たす。しかし、その分、世界からの反目も強くなり、特にロシアからの圧力は強まった。

軍務局長になった山本は、国民の支持に支えられて「六六艦隊計画」を打ち出す。戦艦6隻、一等巡洋艦6隻を中心とする大海軍計画である。こうして日本海軍は、総計で25万トンという当時の世界では第一級の装備を持つようになる。その完成とともに日露戦争は始まるが、山本は東郷平八郎を連合艦隊司令長官に抜擢した責任者でもある。

誰もがいぶかるこの人事に山本は毅然《きぜん》たる態度をとり、東郷の後ろ盾となって、自由に働ける環境づくりをした。（N）

言葉

「陸軍の工兵隊で日本と朝鮮の間に橋を架けたらうまくいくだろう」

陸軍との対清戦略会議の席で、参謀次長・川上操六は陸軍軍備の優位性と完成度を披瀝《ひれき》した。それを聞いて山本が反論したもの。

対ロシアに活路あり

日露戦争を勝利に導く軍略家の知恵とは

児玉源太郎

陸軍大将

こだま・げんたろう●1852年、山口生まれ。陸軍大学校校長、陸軍次官を経て第4代台湾総督に就任する。伊藤内閣の陸相、桂内閣の内相なども兼ねる。日露戦争では大山巌総司令官を補佐、二〇三高地の攻略に成功する。1906年没。

児玉源太郎は、乃木希典と年齢が近く、同郷の長州出身で、ほぼ同時期に陸軍生活に入っている「おれ、お前」の仲だ。「戦下手」といわれた乃木に対して、児玉は戦上手、演習ではいつも児玉が乃木を負かしていたが、仲のいいライバルでもあった。

ところが、明治日本の命運を賭けた日露戦争では、この二人に過酷なシーンを演じさせる。第三軍司令官として二〇三高地の攻撃に失敗を繰り返す乃木に更迭《こうてつ》の声があがったのだ。結局、乃木の続投は決まったが、児玉が作戦指導者として派遣されることになった。

乃木との距離をどうとるか。「私が行く以上は、乃木に命令を下す機能を与えてほしい」。児玉は敵との戦いよりもそちらに神経を使うことになった。過酷な戦場では現実を直視しなければならない。兵士をいたずらに死なせてはいけない。乃木指揮下の兵士たちの冷たい視線のなかで、戦上手の児玉流を見せなければならない。乃木の戦い方とは違って、集中的にありったけの弾薬を投入した。児玉の戦術が功を奏して二〇三高地は遂に陥落した。そしてタイミングよく講和への道を探った。軍略家として児玉源太郎の名望は高まった。

日露開戦近しという1903年、児玉は内務大臣と台湾総督を兼任していたが、参謀本部長という異例の降格人事を引き受けている。大国・ロシアとの戦争は、陸軍内の派閥や序列などいっていられない国家の超特大プロジェクトだった。最高の頭脳を最適の場所に配置しなければならなかった。

そこで彼はこんな注文をつけている。

「山県（有朋）では困る。大山（巖）とならやれる」。

大山は児玉の希望に応えた。郷土の先輩でもあり、陸軍内で権勢を誇っていた山県を押さえ込むには相当の勇気が必要だった。日露戦争の勝利は、この大山―児玉のコンビから生まれたともいわれている。児玉が描いた対ロシア戦略はこうだ。ロシア相手に完全勝利はない。四分六分で勝つ場面はあるだろう。そのタイミングで講和に持ち込む。日露戦争は、天才軍略家のシナリオ通りに進んでいった。

（N）

言葉

「陛下の赤子を無為無策の作戦によっていたずらに死なせてきたのはだれか」

戦争は兵士を死なせることではない。戦わずして勝つ、孫子の兵法こそが最高である。この言葉は当時の陸軍の最高幹部を非難したものといわれる。

帝国陸軍をつくった
ビリケン宰相

「剛腕」と「規律」によって
厳しい陸軍体質をつくった

寺内正毅

元帥陸軍大将

てらうち・まさたけ●1852年、山口生まれ。教育総監などを経て桂内閣で陸相。1910年、陸相のまま朝鮮統監となり日韓併合を断行。武断政治による朝鮮支配を確立、初代朝鮮総督に就任する。1916年、総理となり長州閥内閣を組閣。19年没。

経歴は燦然《さんぜん》と輝いている。長州藩士の子供として生まれ、戊辰戦争、西南戦争に従軍、陸軍大臣を経て総理大臣にまで上りつめている。

しかし、一般には軍人としての評価より、政治家としての印象のほうが強い。性格は陰性、有能か無能か論じる前に陸軍内の長州派閥の勢いで栄進した。乃木希典に似ているといわれるが、乃木は精神主義で寺内はどちらかというと形式主義という違いはある。

世間では、精神主義と形式主義は、無能な人間にとってはかっこうの隠れみのと悪口を言われることがある。司馬遼太郎の『坂の上の雲』にこんなくだりがある。

「寺内が士官学校の生徒隊長だったとき、自宅は学校の近くにあった。定時に帰ってきては自宅の窓から双眼鏡で校舎を覗いていた。生徒の様子をスパイするのが日常の作業となっていた」

寺内は西南戦争で右腕を負傷していたので、軍隊指揮をしたことはなく、教育軍政畑ばかりを歩いていた。部内人事は得意で、事務家として能力があったといわれる。性格は偏執的なほど規律好きで、いつも規約や書類に目を通していた。

第二次世界大戦のさなかに第18代総理として寺内内閣を組閣している。大阪の通天閣の上にビリケン人形というのがあるが、彼の風貌はその人形にそっくりなので、大衆からビリケン内閣とかビリケン宰相と呼ばれたりした。これには「非立憲《ひりっけん》」という嫌味もあり、政治手法としてはなかなかの剛腕を発揮している。

山県有朋など元老たちの圧力を排して、シベリア出兵を強行するなど力の政治をも断行している。かつて自民党内で旧勢力を排除した小泉内閣と多少似通った面があるようだ。成立当初は2カ月持てばいいほうといわれたが、この内閣は2年続いた。

寺内の形式至上主義は、のちの帝国陸軍に遺伝相続され、終戦時まで生き残っていた。地位上下による絶対差別、箸の上げ下げまでルールでしばった陸軍をつくりあげた。「重箱の底をつっつくような男だ」と児玉源太郎にからかわれていたと『坂の上の雲』では書かれている。（N）

言葉

「試練の時にあたって、同盟国や友人を裏切ることほど我が国の名誉に反するものはない」

ドイツが日本とアメリカを敵対させようと画策していることを憤り、寺内が外国通信社に発表したコメント。形式論にこだわる寺内らしい談話である。

海軍軍神第一号
国民的英雄

部下を助けに戻って撃沈された純粋性

広瀬武夫

海軍中佐

ひろせ・たけお●1868年、大分生まれ。父は裁判官、兄は海軍少将。日露戦争では戦艦「朝日」の水雷長として出征。1904年、旅順口閉塞作戦で行方不明の部下を探索中にロシア艦からの砲撃を受け戦死し、海軍軍神第一号として国民的英雄に。

戦場において華々しい武功もなく、軍人として位人臣《くらいじんしん》を極めたわけでもないのに、軍神といえば、この人物といわれるのが広瀬武夫である。

広瀬は明治元年に生まれている。広瀬が生きた時代は、青年が青年として生きるのに、もっとも幸せな時代だったといわれている。つまり、この時代に生まれ育った人間は、国家の成長と歩みを同じくする。石原慎太郎が広瀬に関してこんな文章を書いている。

「広瀬にとっての国家とは……彼自身の肉体の中に、その血液の源として、その肉の部分としての感じとらえられるものに他ならない」（『孤独なる戴冠』より）。革命という国家の勃興期、戦争という国家の通過儀礼、そして死。そんなものが広瀬の生涯に重なるのか、明治になって、軍神第一号という栄誉が彼に与えられている。

広瀬の軍人としてのストイックな生き方は、今も現代人の胸を打つ。講道館で学んだ柔道は、嘉《か》納治五郎《のうじごろう》がその才能に驚くほどだったという。海軍武官としてロシアに留学中、貴族の令嬢をとりこにしたというエピソードが残っている。のちに敵味方に分かれた国家間のはざまで否応なく引き裂かれる悲恋は広瀬に瞬光の輝きを与えている。

国家とともに生きた人間は、国家に弄《もてあそ》ばれるのも一面の真実だ。

広瀬は旅順口《りょじゅんこう》の閉塞作戦で陣頭指揮をし、敵の激しい砲火にさらされていた。乗船していた福井丸はまさに沈没寸前、広瀬は救命ボートに移って脱出しようとした。その時、1人の部下の姿が見えない。彼は再び福井丸に戻って、部下の名前を呼ばわった。広瀬はその部下とともに敵の砲撃を受けて海の藻くずと消えた。

一般国民が知る広瀬の姿はこんなところだ。広瀬の葬儀は日比谷公園で国民的哀悼のなかで行われた。彼の旅順口での部下を思いやる行為は、大衆の大きな喝采を受けた。郷里・大分県の竹田市では神社が設立された。軍神・広瀬武夫の誕生は、当時、陸軍で生まれた「軍神」に海軍が対抗したとも伝えられるが、当の本人は草葉の陰でどんな思いであったろうか。

（N）

言葉

「これは国と国との戦い。あなたとの友情は昔も今も変わらない」

ロシアで友人となったポリスという青年に、広瀬が戦場に向かう船内で書き送った手紙の一部。広瀬はこの手紙をロシア語で書いている。

情報戦略を
導入したパイオニア

語学を武器に視野を広げ
情報戦略の重要性を説く

福島安正

陸軍大将

ふくしま・やすまさ●1852年、長野生まれ。松本藩から派遣されて開成学校（のちの東京大学）に学ぶ。その後、明治新政府の陸軍に入隊。92年、シベリア鉄道の建設状況などを視察した。日清、日露戦争では参謀幹部として作戦を指導。1919年没。

福島安正といっても、ＷＨＯ？　という人が多いのではないだろうか。戦争には相手方の情報をさぐる探索行動が欠かせないが、この福島こそ近代軍隊のなかで、情報というものを戦略的に活用した最初の軍人といわれている。

幕末、信州松本藩の足軽の子として生まれた福島であるが、選ばれて江戸留学をしている。この時代に明治の元勲の一人であった江藤新平の知遇を得て、陸軍に入っている。ここで、榎本武揚《えのもとたけあき》、川上操六、児玉源太郎ら実力者に重用されていく。福島には勉強して身につけた語学力があった。当時、薩長閥でなければ昇進もおぼつかない軍隊のなかで、語学を武器に重要な地位を占めていく。

25歳で陸軍幹部の随行員としてアメリカに行き、川上操六のもとでインド視察を許され、その折にパキスタン、ビルマ、アフガニスタンまで出向いている。その後に5年間のベルリン駐在を経験。

若くして、欧米諸国の植民地として侵食されていくアジアの国々の実情を知ることとなった。1892年、41歳の福島はドイツ駐在の任期が満ちて帰国することになった。この時、彼は単身でシベリアを横断する計画を立てる。

彼は愛馬にまたがり、一人ユーラシア大陸横断の途についた。福島の身を守るものは、一振りの軍刀とピストルだけ。それに黒パンと茶を携えて、荒野、また荒野の大地をひたすら進んだ。灼熱地獄で南京虫に泣けば、通過する村々ではコレラが流行しているなど、苦難の行程であった。それらを無事通過したら、今度は零下40度の極寒のシベリア。1年4カ月をかけて、1万4〇〇〇キロの横断を成功させた。

この福島の単独行はもちろん単なる冒険旅行ではない。彼はシベリア鉄道の工事の進捗状況を調べて、その完成時期を予想、日露戦争の可能性や時期について具申《ぐしん》をしている。

さらに日清が戦ってもロシアは介入しないと、川上参謀次長に報告。日清、日露の両戦争に関する情報収集を兼ねたシベリア横断であったことははっきりしている。この時代の陸軍の情報戦略を担った軍人であった。（N）

言葉

「高崎山はお悔やみ場だ。頼む。早く来てくれ」

日露戦争で進展を見せない第三軍の視察に派遣された福島は、その惨状に驚く。二〇三高地の前線基地である高崎山は地獄であった。福島一流の表現で援軍の必要を訴えている。

情報将校の鑑

ロシアを後方撹乱し続けた日露戦争の陰の立役者

明石元二郎

陸軍大将

あかし・もとじろう●1864年、筑前国（現・福岡）生まれ。陸軍士官学校旧6期。陸軍大学校卒業。海外勤務が長く語学に堪能だったことから日露戦争では対露情報工作に従事。日露戦争後は憲兵司令官、第6師団長、台湾総督などを歴任。1919年に死去。

日露戦争開戦時における日本とロシアの国力を純粋に比較すれば、ロシアの力は多くの面で日本をしのいでいた。正面からぶつかり合えば、日本が勝利を得ることは難しい。ゆえにロシアの後方撹乱は必須であるとの認識は、日本軍が早い段階から抱いていたものである。

その情報戦を取り仕切ったのが明石元二郎大佐だった。明石は当時のロシア国内に、のちのロシア革命を引き起こす多くの不満分子が存在していることに着目。陸軍の長老・山県有朋の決断によって渡された１００万円（現在の貨幣価値で数百億円規模）を持ってロシアに潜入し、そうした革命家たちを物心両面で積極支援する。

実際、日露戦争中、ロシア国内ではプレーヴェ内務大臣の暗殺や血の日曜日事件、また戦艦・ポチョムキン号の水兵反乱といった事件が頻発。ロシアがこうした国内事情を無視できなくなって日露講和交渉のテーブルについたというのは、一つの歴史的事実である。その様子を見ていたドイツ皇帝ヴィルヘルム二世などは、警戒とともに「明石一人で満州の日本軍20万人に匹敵する」という発言をしたとも伝えられている。それだけの大情報戦を明石は戦い抜き、そして勝利したのである。

ただし、日露戦争後の日本軍は、明石が行ったような情報戦の重要さをそこまで評価することはなく、明石自身もそこには少なからぬ不満を抱いていたともいわれている。

明石は日露戦争時、のちにソビエト連邦を打ち立てるレーニンと会見し、その活動を助けたのだとする発言を自身で行っているが、これには歴史研究者の間などからは「そのような事実は確認できない」との指摘もなされている。そうしたある種の〝大言壮語〟の裏には、自身の成し遂げた功績への評価に対する不満もあったのでは、という推測もある。

日露戦争後の1918年、明石は台湾総督に任じられる。明石は台湾の開発に熱心に取り組み、発電所や鉄道の建設に奔走。今も台湾で尊敬されている日本人ダム開発技術者・八田與一《はったよいち》の後援者でもあった。明石は19年、故郷の福岡で死去するが、その遺言に基づいて、彼の墓は台湾にある。

（O）

言葉

「レーニンもトロツキーも、みんな俺が使ってやったんだ」

明石は生前そのように語っていたが、真偽は疑わしいともされている。

大きな器の総大将

大山 巌

「責任はとる」と部下を信じ続け日露戦争に打ち勝った理想的リーダー

元帥陸軍大将

おおやま・いわお●1842年、薩摩国（現・鹿児島）生まれ。幕末維新期から志士として活動。戊辰戦争では砲兵として活躍する。西南戦争や日清戦争を経て薩摩閥を代表する軍のリーダーに。日露戦争では満州軍総司令官。1916年に死去。

日露戦争における陸軍作戦の総責任者だった満州軍総司令官・大山巌の将としての器は伝説的である。軍事作戦に関する実務は総参謀長の児玉源太郎に一任。黒木為楨《ためもと》や乃木希典、野津道貫《のづみちつら》といった一癖も二癖もある現場指揮官たちの融和につとめ、実際彼らは大山に素直に従った。部下に大きな裁量を与え、「いざとなったら責任は自分がとる」という態度を貫き通し、まさに日本陸軍の将兵は大山によってその持てる力を最大限に引き出され、難敵・ロシアに打ち勝ったのである。

日本陸軍という枠にとどまらず、日本市場における屈指の理想的リーダーとして大山の名を挙げる識者も少なくない。

大山は明治維新の英雄・西郷隆盛の従兄弟《いとこ》として幕末の薩摩（現・鹿児島県）に生まれた。維新の風雲をくぐり抜け、戊辰《ぼしん》戦争では砲兵として活躍する。大山はこの頃、弥助《やすけ》と名乗っていたが、彼の考案によって海外から輸入した大砲に各種の改良が施され、その「弥助砲」と呼ばれた大砲は、佐幕勢力の粉砕に十二分な働きをしたとされている。

砲兵とは射程距離の算出などに高度な数学的知識を要求される仕事であり、また大砲の改良を行うなどのことは、大山の頭脳の優秀さを示して余りある逸話である。実際、若き日の大山はスマートな切れ者として通っていたという。

しかし西南戦争や日清戦争などに参加しながら出世の階段を上っていくうちに、大山は「人の上に立つものの器とは何か」を自然と学び取っていった。そしてその将器は、日露戦争の現場で最大限に花開くのである。日露戦争の沙河会戦《さかかいせん》で日本軍が苦境に立たされ、司令部に緊迫した空気がみなぎっていたとき、昼寝から目覚めた風な大山がひょっこりと現れて「今日もどこかで戦がごわすか」ととぼけたように発言、場の空気が一気になごみ、参謀たちもかえって冷静さを取り戻した、などといったエピソードからは、大山の大きすぎる器を感じさせて余りある。

軍人としてのほかに文部大臣、内大臣、貴族院議員なども歴任。1916年に死去した際には、国葬で悼まれた。（O）

言葉

「若者を心配させまいと、何も知らぬ顔をしていた」

日露戦争からの凱旋後、「苦労したことは」と聞かれてこう返している。

“クロキンスキー”

剛胆無比な薩摩男は明治天皇を投げ飛ばした

黒木為楨

陸軍大将

くろき・ためもと●1844年、鹿児島生まれ。薩摩藩士として鳥羽伏見の戦い、戊辰戦争に従軍し、77年には明治政府軍として西南戦争に出征。95年には日清戦争の威海衛の攻撃に参加する。大将となった後、日露戦争に出征。14年に退役し、23年に死去。

日露戦争で英雄視された軍人は少なくないが、そのなかでも「第一軍」を率いた黒木為《ため》楨《もと》は国内外に大きくその名を轟《とどろ》かせた。マス化が進む時代、メディアが深く食い込んでいたのが日露戦争であり、世界各国に黒木の名は伝えられた。

戦力としては圧倒的に不利だった日本を勝利に導いた立役者として、各国のメディア関係者はセンセーショナルに報じたのである。また、日露戦争では英米独伊など13カ国から「観戦武官」が派遣された。誰もが世界における戦争の時代を予見していたということだろう。

黒木為楨が率いた第一軍は、物量にまさるロシア軍を次々と撃破していく。黒木はロシア名になぞらえ、「クロキンスキー」という呼称がつけられ恐れられたという。

黒木の性格は剛胆で、相撲の勝負を挑んできた明治天皇を本気で投げ飛ばしたという逸話がある。

また、日露戦争においても、軍人らしい強気な性格が表れる。1904年5月1日に攻撃開始が決まっていたが、第二軍の遼東半島上陸が遅れたため、本部は黒木に4日へ延期しろと指示を出した。しかし黒木はこれを「それでは遅い」と拒絶し、第一軍単独で攻撃に移って目的を達成する。さらに計画以上の進出も独断で行い、勝利した。

ちなみに酒のほうも豪快だったようで、ウイスキーに卵を混ぜたものを好んでいたという。その一方、家庭では子供を風呂に入れたり、チャボのヒヨコをかわいがるなど優しい面があったらしい。

黒木は後年、「元帥」にはなれなかった。日露戦争で同じく戦功を上げた奥保鞏《やすかた》などが元帥になっているのに、第一軍を率いた黒木はなれなかったのである。

その理由は定かでないが、やはり中央の指示に従わなかったことが大きかったのではなかろうか。いくら結果オーライでも、独断専行は軍においての評価として低く見積もられる。また、作家・柘植久慶は「黒木為楨を嫌う者がいて、強く反対したからにほかならなかったのだろう」と指摘している。元帥が自動的に「天皇の最高軍事顧問」になることを考え合わせると、明治天皇が黒木を忌避したという推測も成り立つ。（K）

言葉

「平生は兵士を十分大切にしてやれ」

妻に語った言葉。「事あらば真っ先に命を捨てねばならぬのだから」という理由からだった。

日露陸戦勝利の立役者

「佐幕側出身」「難聴」というハンデを乗り越えて軍功を収めた寡黙の人

奥 保鞏

元帥陸軍大将

おく・やすかた●1847年、福岡生まれ。佐幕側の小倉藩足軽隊長として、長州と戦う。明治維新後は新政府の陸軍に入り、佐賀の乱・朝鮮出兵・西南戦争を経て、94年に第五師団長として日清戦争、1904年に第二軍司令官として日露戦争に出征。30年に死去。

奥保鞏《やすかた》は現在の北九州市に生まれた。そこは佐幕（幕府側）の小倉藩であり、若き日の奥も長州征討に参加している。しかし、新政府に転じた後もその軍人としての能力が評価され、キャリアを重ねていくことになる。

「佐賀の乱」や熊本の「敬神党の乱」といった士族反乱が起きた際には、それを平定する明治政府の側として軍功を上げた。そして西南戦争では薩摩軍の銃弾を受け流血しながらも、先頭で果敢に指揮をとり続けたという。

1904年の日露戦争では第二軍の司令官として幾多の戦いに挑む。遼東半島における「南山の戦い」では総兵力の1割以上（4387人）を失うという犠牲を出しながらもなんとか勝利を収める。そして「得利寺《とくりじ》の戦い」「遼陽《りょうよう》会戦」「沙河《さか》会戦」「黒溝台《こっこうだい》会戦」と続けてロシア軍を撃退していった。

ちなみに日露戦争における第一軍は黒木為楨《ためもと》、第三軍は乃木希典、第四軍は野津道貫《のづみちつら》が率いていた。11年、64歳で奥は元帥となった。元帥は「陸海軍大将のなかにおいて老功卓抜なる者」に与えられる肩書きとして、条例に定められたものである。元帥という称号を薩長出身者・皇族以外で得たのは、奥が初めてのことだった。

奥は難聴であったが、それでもなお大きな戦果を上げた。聴覚以外において、周囲の様子を感じ取る能力にたけていたということだろう。

イケイケだった日露戦争当時のメディアは奥のことも大きく取り上げ、内地ではスター軍人としての扱いだった。しかし現在では乃木希典や東郷平八郎ほどの知名度はない。これは慎み深い本人の性格が反映されたということかもしれない。満州事変の前年である30年に死去するまで、静かな余生を送っていたという。

奥保鞏については、作家・秋山香乃《かの》が『群雲に舞う鷹』（ＮＨＫ出版、２００９年）という小説作品にしている。記者として日露戦争に従軍した作家・田山花袋《かたい》や岡本綺堂、あるいは軍医としての森鷗外、そして第二軍で部下だった秋山好古などを通じて、奥保鞏の姿を描いている。（Ｋ）

言葉

「すまぬ、許してくれ」

日露戦争から凱旋帰国した際、犠牲となった兵士への思いからつぶやいたとされる。

[参考文献リスト]
『失敗の本質 日本軍の組織論的研究』戸部良一他 ダイヤモンド社／『日本陸海軍総合事典』秦郁彦編 東京大学出版会／『昭和の名将と愚将』半藤一利・保阪正康 文藝春秋／『特攻 外道の統率と人間の条件』森本忠夫 文藝春秋／『皇族と帝国陸海軍』浅見雅男 文藝春秋／『戦場の名言』田中恒夫・葛原和三・熊代将起・藤井久編著 草思社／『私は貝になりたい』加藤哲太郎 春秋社／『BC級戦犯 獄窓からの声』大森淳郎・渡辺考 NHK出版／『朝鮮人BC級戦犯の記録』内海愛子 勁草書房／『きけ わだつみのこえ』日本戦没学生記念会編 岩波書店／『ぼくは戦争は大きらい やなせたかしの平和への思い』やなせたかし 小学館クリエイティブ／『アンパンマンの遺書』やなせたかし 岩波書店／『総員玉砕せよ!』水木しげる 講談社／『歴代海軍大将全覧』半藤一利他 中公新書ラクレ／『玉砕ビアク島「学ばざる軍隊」帝国陸軍の戦争』田村洋三 潮書房光人社／『歴史と旅 臨時増刊 太平洋戦争名将勇将総覧』秋田書店／『歴史と旅臨時増刊 帝国陸海軍のリーダー総覧』秋田書店／『歴史群像太平洋戦史シリーズ』学研／『ある提督の回想録』山県正郷 弘文堂／『潜艦U-511号の運命』野村直邦 読売新聞社／『太平洋戦争海藻録 海の軍人30人の生涯』岩崎剛二 潮書房光人社／『東条英機と天皇の時代(上)(下)』保阪正康 伝統と現代社／『戦士の肖像』神立尚紀 文藝春秋／『キスカ島 奇跡の撤退』将口泰浩 新潮社／『海軍参謀』吉田俊雄 文藝春秋／『提督小沢治三郎伝』提督小沢治三郎伝刊行会 原書房／『ルンガ沖夜戦』半藤一利 PHP研究所／『海上護衛戦』大井篤 学研／『高松宮日記』中央公論社／『高松宮宣仁親王』高松宮宣仁親王伝記刊行委員会 朝日新聞社／『帝王と墓と民衆』三笠宮崇仁 光文社／『日本の歴史25 太平洋戦争』林茂 中央公論新社／『東京裁判の教訓』保阪正康 朝日新聞出版／『大本営参謀の情報戦記』堀栄三 文藝春秋／『日本陸軍と内蒙工作』森久男 講談社／『決定版 日本のいちばん長い日』半藤一利 文藝春秋／『阿南惟幾伝』沖修二 講談社／『悲劇の将軍』今日出海 中央公論社／『父・山口多聞』山口宗敏 潮書房光人社／『軍ファシズム運動史』秦郁彦 河出書房新社／『比島から巣鴨へ』武藤章 中央公論新社／『陸軍省軍務局と日米開戦』保阪正康 中央公論社／『陸軍人事』藤井非三四 潮書房光人社／『高松宮と海軍』阿川弘之 中央公論新社／『東条英機暗殺計画』工藤美知尋 潮書房光人社／『「空気」の研究』山本七平 文藝春秋／『私の中の日本軍(上)(下)』山本七平 文藝春秋／『のらくろ一代記』田河水泡・高見沢潤子 講談社／『海軍乙事件』吉村昭 文藝春秋／『秘録 陸軍中野学校』畠山清行 保阪正康編 新潮社／『提督角田覚治の沈黙』横森直行 潮書房光人社／『戦藻録』宇垣纏 原書房／『指揮官たちの特攻』城山三郎 新潮社／『隼戦闘隊長加藤建夫』檜與平 潮書房光人社／『幾山河』瀬島龍三 産経新聞ニュースサービス／『沈黙のファイル』共同通信社社会部編 新潮社／『戦死』高木俊朗 文藝春秋／『陰謀・暗殺・軍刀』森島守人 岩波書店／『地獄の日本兵』飯田進 新潮社／『魂鎮への道—BC級戦犯が問い続ける戦争』飯田進 岩波書店／『昭和天皇の時代「文藝春秋」にみる昭和史』文藝春秋／『悲劇の将星』大来佐武郎 扇谷正造 草柳大蔵監修 豊田穣概説 講談社／『[証言録]海軍反省会』戸髙一成編 PHP研究所／『名言・迷言で読む太平洋戦争史』横山恵一 PHP研究所／『日本の戦争 封印された言葉』田原総一朗 アスコム／『群雲に舞う鷹』秋山香乃 NHK出版／『日露戦争における黒木為楨大将』来原慶助 芹沢武光編 南方新社／『日露戦争 七人の陸将』柘植久慶 学研パブリッシング／『「青年日本の歌」をうたう者』江面弘也 中央公論新社／『大山巖』児島襄 文藝春秋／『日露戦争』児島襄 文藝春秋／『連合艦隊の栄光』伊藤正徳 角川書店／『連合艦隊作戦参謀 黒島亀人』小林久三 潮書房光人社／『名将宮崎繁三郎』豊田穣 潮書房光人社／『愛の統率 安達二十三』小松茂朗 潮書房光人社／『菊池寛全集』菊池寛 文藝春秋

日本の軍人100人
男たちの決断

2016年7月11日 第1刷発行
2022年8月18日 第2刷発行

編者／別冊宝島編集部
発行人／蓮見清一
発行所／株式会社宝島社

〒102-8388 東京都千代田区一番町25番地
電話 (営業) 03-3234-4621
(編集) 03-3239-0646
https://tkj.jp

印刷・製本／サンケイ総合印刷株式会社

ISBN 978-4-8002-5866-3